水体污染控制与治理科技重大专项"十三五"成果系列丛书

京津冀区域水污染控制与治理成套技术综合调控示范标志性成果

市政污水处理
人工湿地和水生植物系统
设计手册

回蕴珉　冯　辉　丁　晔　主编

U0324573

化学工业出版社

·北京·

内容简介

《市政污水处理人工湿地和水生植物系统设计手册》主要介绍了水生植物处理系统、环境和公共健康问题、人工湿地设计以及水生植物系统设计等，内容涵盖了人工湿地基础知识、污染物所涉及的环境和公共健康问题以及解决市政污水污染问题的人工湿地和水生植物系统的设计，全面多方位地讲述人工湿地和水生植物处理系统的内容和特点，同时给出了国外人工湿地的实际应用案例和经验总结。

本书可供从事环境污染治理的工程技术人员、科研人员阅读，还可供高等院校环境、生态相关专业师生作为教材参考使用。

图书在版编目（CIP）数据

市政污水处理人工湿地和水生植物系统设计手册 /
回蕴珉，冯辉，丁晔主编. —北京：化学工业出版社，
2020.10（2022.2 重印）

（水体污染控制与治理科技重大专项"十三五"成果
系列丛书）

ISBN 978-7-122-37560-5

Ⅰ.①市…　Ⅱ.①回…　②冯…　③丁…　Ⅲ.①城市污
水处理-人工湿地系统-系统设计-手册 ②城市污水处理
-水生植物-系统设计-手册　Ⅳ.①X703-62

中国版本图书馆 CIP 数据核字（2020）第 153005 号

责任编辑：满悦芝　　　　　　　　　　文字编辑：温月仙　陈小滔
责任校对：李雨晴　　　　　　　　　　装帧设计：张　辉

出版发行：化学工业出版社（北京市东城区青年湖南街 13 号　邮政编码 100011）
印　　装：北京盛通数码印刷有限公司
787mm×1092mm　1/16　印张 6½　字数 140 千字　2022 年 2 月北京第 1 版第 2 次印刷

购书咨询：010-64518888　　　　　　　售后服务：010-64518899
网　　址：http://www.cip.com.cn
凡购买本书，如有缺损质量问题，本社销售中心负责调换。

定　　价：39.80 元

版权所有　违者必究

《市政污水处理人工湿地和水生植物系统设计手册》
编写人员

主　编	回蕴珉	冯　辉	丁　晔		
副主编	孙贻超	魏　巍	苏志龙		
参　编	解四营	李　鹏	董建铎	李晓鹏	姚晓然
	王森玮	赵孟亭	王　锐	李俊超	闫双春
	代小聪	秦萍萍	朱德成	张军港	王　晨
	王　娜	贾晓晨	侯国凤	张彬彬	赵明新
	杨　帆	崔雪亮	闫　妍	杨文珊	刘　羿
	赵凤桐	卢瑞杰	王世华	赵　莹	李　昊
	隋芯宜				

前言

人工湿地系统水质净化技术作为一种新型生态污水净化处理方法，其基本原理是在人工湿地填料上种植特定的湿地植物，从而建立起一个人工湿地生态系统。当污水通过湿地系统时，其中的污染物质和营养物质被系统吸收或分解，而使水质得到净化。人工湿地系统水质净化的关键在于工艺的选择和对植物的选择及应用配置。如何选择和搭配适宜的湿地植物，并且将其应用于不同类型的湿地系统中成为人们在营建人工湿地前必须思考的问题。

本书通过对国外一些人工湿地相关研究成果、设计模型和工程案例的分析，为国内环境保护工作者提供人工湿地领域的相关理论、设计和应用依据，提高其对国外人工湿地污水处理方面的认知和了解。书中不仅对水生植物处理系统和相关的环境和公共健康问题进行了详细介绍，而且还对人工湿地设计和水生植物处理系统的设计和对应的使用案例进行了充分分析，这对于读者学习和了解人工湿地知识具有很大的帮助。本书主要内容包括：水生植物处理系统、环境与公共健康问题、人工湿地设计以及水生植物系统设计等，内容涵盖了最基础的人工湿地知识，污染物所涉及的环境和公共健康问题，以及解决市政污水污染问题的人工湿地和水生植物系统的设计，全面多方位地讲述人工湿地和水生植物处理系统的内容和特点，同时给出了国外人工湿地的实际应用案例和经验总结。

本书在编写过程中参考了美国环境保护署（EPA）编制的 *Design Manual：Constructed Wetlands and Aquatic Plant Systems for Municipal Wastewater Treatment* 的相关研究成果，并得到了美国 EPA 的理解和支持，在此特别表示感谢。同时感谢"十三五"国家水体污染控制与治理科技重大专项：滨海工业带尾水人工湿地构建技术研究与示范（2017ZX07107-004）课题组成员以及在本书编译过程中提供过支持和帮助的同事、同行们。

最后希望本书的出版，能够为人工湿地处理技术在我国的应用和推广起到一定的推动作用，为广大读者了解人工湿地技术和环境保护尽一份绵薄之力。

编者

2020 年 9 月

目录

01

第1章

水生植物处理系统

1.1 简介

过去几十年间，城市地区的水污染控制设施逐渐趋向于使用"钢筋混凝土"结构（即污水处理厂）。然而，随着能源价格和劳动力成本的上升，这些设施的建设费用已经给投资运营者带来巨大的经济负担。尤其对于小型社区而言，这种水处理设施的建设成本已经超出水污染防治方面的预算。相较于修建污水处理厂而言，那些占地多、运行能耗低和劳动力低的水处理方式对这类社区更有吸引力。

传统处理方式的高投入带来的经济压力，使得水处理工程师们不得不去寻求创新的、低投入的和环境友好型的技术方法来控制水体污染。

建造人工生态系统，并使其行使污水处理的部分功能就是其中的一个水体污染处理技术。在农业、造林、水产养殖、高尔夫球场和绿化带灌溉等领域，经处理后的污水已经成功地作为一种水资源和营养来源被重复利用。使这些创新过程从观念上改变的是把污水处理看作是"水污染控制"和回收有用资源（水及植物营养成分），而不再将其视为一种负担。

水生植物污水处理系统的关注点可以归因于三个基本因素：

（1）认识水生植物系统和湿地对污水的自然净化功能，特别是作为营养源和缓冲带。

（2）以湿地系统为例，在保护和改善湿地的过程中，意识到其在景观、野生动植物保护及其他方面所具有的新的或再生的环境效益。

（3）传统污水处理设施快速增加的建设和运营费用。

1.1.1 范围

应用湿地和水生植物系统进行污水处理时，不能危害到公众的健康。由于病原微生物可能存在于污水和污泥中，所以对病原微生物进行控制是废物管理的根本原因之一。水生植物系统和人工湿地处理系统对公共健康的影响将在第 2 章进行讨论。

本手册中人工湿地处理系统部分（第 3 章）侧重于介绍已经发表的实验规模和全规模湿地系统的研究结果。一般来说，人工湿地系统受到人们的青睐，主要是由于它们既能在寒冷的气候下运行，也能在温暖的气候下运行。

对于水生植物系统的讨论（第 4 章），主要集中于美国南部温暖地区的水葫芦系统研究成果。同时，科研人员已对浮萍进行了单独研究或与水葫芦一起进行了试验。本手册中讨论的项目涵盖了各个工程的地理位置分布及广泛研究的植物种类。

1.1.2 自然系统的潜在用途

如果天然湿地位于城市周边，人工湿地或水生植物系统运行的主要成本是将污水处理厂的出水输送到自然湿地系统的费用。一旦到达自然湿地，自然过程就开始对污水进行进一步处理净化。在某些情况下，湿地处理可能是成本最低的污水深度处理及处置办法。在排水不良、不适宜土地处理的地方，通常只需要进行少量的开挖作业，便可以较低的成本建成湿地。

在考虑应用湿地进行污水处理时，必须要注意水文和生态系统之间的关系。原水、流速、流量、更新率、淹没频次等因素都会对湿地基质的化学和物理特性产生重大影响，这些特性反过来又会影响（湿地）生态系统的健康和特征，如种类的组成和丰富度、初级生产力、有机质沉积与通量，以及养分循环[1]。通常而言，流经湿地的水对生态系统产生积极的影响[2]。高地沼泽并非是浪费水，而是节约水，从而间接地促进区域生产量的增加[3]。

1.2　分类

水生植物系统就像是传统的活性污泥法和滴滤系统一样，污水在其中主要是通过细菌代谢和物理沉淀得以处理净化。水生植物本身在处理污水方面基本上没有实质的效果[4]。它们的功能通常是组成水生环境，进而提高该环境的污水处理能力及（或者）可靠性[5]。水生植物在水生植物处理系统中的一些特定功能总结于表 1-1。一些典型的水生植物形态示于图 1-1。

表 1-1　水生植物处理系统中水生植物的特定功能 [8]

植物部分	功能
在水体中的块根和/或茎	1. 表面上生长细菌
	2. 固体的过滤媒介和吸附基质
位于或高于水面的茎和/或叶	1. 减弱阳光来防止藻类生长
	2. 减弱风对水体的影响，即大气和水之间的气体传输
	3. 植物被淹没部分的气体传输

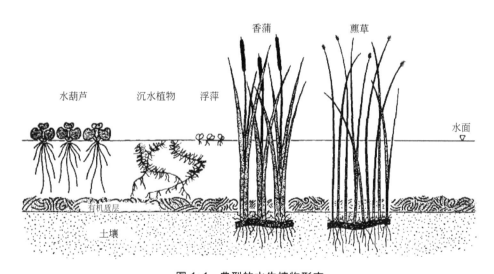

图 1-1　典型的水生植物形态

湿地是周期性地被地表水或地下水淹没或浸透的地区，其淹没频率和持续时间足以维持该地区的饱和湿润环境。它们可以是已存在的天然湿地（例如草泽、林泽、苔藓泥炭沼泽、柏泽等）或是人工湿地系统。人工湿地系统的范围可以是在自然环境中创造出一个之前并非永久存在的沼泽，也可以是大规模的建设工程，如开挖土方、土地平整、不透水层设置或安装容器（如水箱和水渠）。向这些系统中引种或系统自己生长出来的植被将逐渐发展成为与天然湿地类似的群落结构[6]。湿地在污水处理方面所具有的三种基本功能如下[7]：

（1）通过土壤表层和有机碎屑的吸附实现对污染物的物理吸附；

（2）通过微生物实现对化学元素利用和转化的功能；

（3）能耗低和维护少，即可实现系统持续稳定的处理效果。

湿地是比较浅（通常不到超过 0.6m）的缓流水体，并且其中生长有耐水的植物，如香蒲、蕉草或是芦苇。在人工系统中，湿地主体构筑物都是人工建造出来的，并且通常是长而窄的沟或渠[8]。

在美国，涉及污水和湿地的主要有三种系统[9]：

（1）用于处理污水厂出水的天然湿地。

（2）利用处理后的或部分处理后的出水来改善、修复或是创建湿地。

（3）用于处理污水的人工湿地。

这三种系统都能直接或间接地提供一定程度的污水处理功能。然而，将天然湿地作为污水处理单元还存在一些制约因素。

几乎所有的天然湿地都属于法定水域，因此，向天然湿地排放任何污水都需要获得相应的排放许可。政府对排放水质都有明确的规定，一般要求水质至少相当于（污水厂）二级排放标准。[10]

本手册包括以下三种水处理系统：天然湿地、人工湿地、水生植物系统。

1.3　天然湿地

"湿地"这个词是相对较新的表达，它包括了那些多年来一直被称为草泽、林泽或是苔藓泥炭沼泽的地方。这些湿地类型的不同在很大程度上跟该地区的优势植物种有关。牧草或者杂草一般生长在草泽，乔木和灌木生长在林泽中，莎草/泥炭植被出现在不同的泥炭泽中。

出于几方面原因，天然湿地可以有效地进行污水处理。天然湿地中生长着大量不同种类的细菌，这些细菌生长在浸没于水中的水生植物的根和茎上，这对于从污水中去除 BOD_5 具有特别重要的作用。此外，湿地的静态水流条件有利于污水中的固体物质沉降。湿地系统在污水处理方面还具有水生植物根茎的吸附/过滤、湿地沉积物的离子交换/吸附作用。同时，植物本身也具有能够缓冲气候因素影响（如风、阳光和温度）的作用[9]。

天然湿地通常生长着挺水植物，如香蒲、灯心草和芦苇，同时还生长着一些浮水植物、沉水植物（第 4 章将讨论）以及深根植物（根系可以伸展到地下潜水层或毗邻其上的饱和土层里）[10]。美国大多数州（除佛罗里达和其他几个制定了特殊湿地标准的州）对湿地和其邻近的地表水不做任何区分，但对这两者具有同样的适用要求。在这种情况下，从经济学角度考虑不赞成采用天然湿地进行污水处理，因为在排放到湿地之前必须对湿地进水进行基本的处理（即达到污水厂二级出水标准）。

当然，也有特殊情况，当湿地周围没有其他地表水，而进水也得到了很好的处理时，天然湿地就可以被用作进一步的深度处理。利用湿地出水来提升、恢复或是创造新湿地是一个非常好的、且与环境和谐的行为[10]。

天然湿地对二级污水中的污染物去除率见表 1-2。表中所示的去除率的变化范围比较大。列出该表的目的是想向大家展示天然湿地系统的一般特点，比如 BOD$_5$ 和 SS 的去除率可以很高，但并非一直很高。美国几个具体的天然湿地项目的营养物质去除数据列于表 1-3[11]。

表 1-2　天然湿地对二级污水中的污染物去除率[6]

污染物	去除率/%
BOD$_5$	70～96
悬浮固体	60～90
氮	40～90
磷	有季节性变化

表 1-3　美国天然湿地项目营养物去除数据汇总表

项目	流量/(m^3/d)	湿地类型	去除率/%			
			TDP[①]	NH$_3$-H	NO$_3^-$-N	TN[②]
Brillion Marsh,WI 布里林沼泽,威斯康星州	757	沼泽地	13		51	
Houghton Lake,MI 霍顿湖,密歇根州	379	泥炭地	95	71	99[③]	
Wildwood,FL 怀尔伍德,佛罗里达州	946	季节性沼泽地	98			90
Concord,MA 康科德,马萨诸塞州	2309	沼泽地	47	58	20	
Bellaire,MI 百利,密歇根州	1136[④]	泥炭地	88			64
Coots Paradise, Town of Dundas, Ontario,Canada 邓达斯镇,安大略,加拿大	—	沼泽地	80			60～70
Whitney Mobile Park,Home Park,FL 惠特尼移动公园,霍姆公园,佛罗里达州	－277	柏泽	91			89

①总溶解磷。

②总氮。

③硝酸盐和亚硝酸盐。

④只有 5～11 月份。

目前湿地系统的应用一般仅限于对污水处理厂的二级出水进行进一步处理[6]。应用湿地时要考虑的因素包括：对天然湿地中现有的野生动植物生境和生态系统的潜在破坏，干旱气候下湿地由于蒸发蒸腾而造成的水分损失，促进蚊子和苍蝇繁育滋生的可能性，以及产生臭味等。利用湿地进行污水处理时可实现的主要好处除了净化污水外，还包括保护开阔水面、改善野生动植物生境、增加水体的休闲娱乐功能、稳定和增加径流。

1.4 人工湿地

美国的研究主要集中于泥炭地、泥炭泽、柏泽和浅滩，以及如香蒲、芦苇、灯心草等其他湿地植物上[6]。人工湿地包括浅流的自由表面流系统（FWS）和以沙子或者砂砾为填料的横流的潜流系统（SFS）。德国马克斯·普朗克研究所（Max Planck Institute）开发了一个在碎石填充的沟渠上种植香蒲的人工湿地系统，并申请了专利。

人工湿地具有天然湿地的积极特征，也可以通过人为控制来消除天然湿地的消极一面。人工湿地的典型污染物去除率列于表 1-4。

表 1-4 人工湿地典型污染物去除率汇总表

项目	流量/ (m³/d)	湿地类型	BOD₅/(mg/L)		SS/(mg/L)		去除率/%		水力表面负荷/ [m³/(ha·d)]
			进水	出水	进水	出水	BOD₅	SS	
Listowel,Ontario 利斯托韦尔,加拿大安大略[12]	17	FWS①	13	10	111	a	82	93	
Santee,CA 桑蒂,加利福尼亚州(美国)[10]		SFS②	95	30	57	5.5	75	90	
Sidney,Australia 悉尼,澳大利亚[13]	240	SFS	98	4.6	57	4.5	86	92	
Arcata,CA 阿克塔,(美国)加利福尼亚州	11350	FWS	47	13	43	31	64	28	907
Emmitsburg,MD 埃米茨堡,美国马里兰州	132	SFS	88	18	30	8.3	71	73	1543
Gustine,CA 古斯丁,美国加利福尼亚州	3785	FWS	80	24	140	19	64	86	412

①Free Water Surface System,自由表面流人工湿地系统。
②Subsurface Flow System,潜流湿地系统。

附着生长在植物茎秆和有机沉积物上的细菌是去除 BOD_5 的主要因素。关于除磷，在多数人工湿地系统（泥炭沼泽可能是一个例外）中，由于水体与土壤接触的机会有限，所以去除效果不好，并且在冬季的某些情况下，已经观测到磷释放现象（即湿地出水中的 P 高于进水）。人工沼泽湿地每天处理的污水表面负荷范围为 $24.6 \sim 39.6 m^2/m^{3[6]}$。

人工湿地的主要成本和能耗与预处理水平、抽水和输送、进水分配、土方开挖及土地成本有关。此外，人工湿地系统可能还需要铺设防水层以减少向地下的渗漏，以及额外的围护结构以防止雨洪[6]。

利用人工湿地进行污水处理的限制因素包括以下几方面：

（1）植物物种的适生地理范围的局限性，以及引进物种可能会引起麻烦或是成为外来物种。

（2）与传统的污水处理设施相比，要达到同样的地表水排放标准，人工湿地需要 4～10 倍以上的土地面积。零排放人工湿地则需要 10～100 倍的面积。在美国内华达州卡森市的斜村（Incline Village near Carson City，Nevada），就有一个零排放的人工湿地强化处理系统。

（3）水生植物的收割受到植物体含水量高和湿地结构的制约。

（4）如果不妥善管理，某些类型的人工湿地可能成为一些致病微生物和昆虫滋生的温床，并且可能会产生臭味。

然而，人工湿地对于一般的应用来说能为工程师们提供更大的水力控制自由度，也不像天然湿地那样受环境和使用权冲突的问题所限制。

与天然湿地受临近污水水源限制情况不同，人工湿地可以建立在任何地方，包括那些难以用于其他用途的地方。对于设计和管理方面，人工湿地灵活性更大，水处理效果和稳定性更好[1]。

1.4.1　自由表面流人工湿地系统

自由表面流人工湿地系统（FWS）通常由以下几部分组成：水池或水渠，某种地下屏障以防止渗漏、保证植物生长的土壤或其他合适基质，以及流过系统的浅水。浅水深度，低流速，以及存在的植物茎秆和碎屑可以调节水流，特别是在长而窄的渠道中，能够最大限度地减少短流现象的发生。

为了更准确地预测 FWS 湿地系统出水的 BOD_5 情况，必须正确估计微生物生长的比表面积系数。这一系数与水体中植被茎叶的表面积有关。如第 3 章所示，预测结果对这个系数并不是非常敏感。水温对微生物的活性影响很大，所以要想准确预测人工湿地中 BOD_5 的降解程度，就必须事先知道系统的水温。

1.4.2　潜流人工湿地系统

当以岩石为填料时，潜流人工湿地系统（SFS）基本上是一种水平滴滤系统。它们只是多了挺水植物部分，植物根系向填料中伸展生长。也有利用砂子和泥土作为填料的潜流系统。德国开发了类似的土壤填料系统，并将其命名为根区法（root-zone method，RZM）。

潜流湿地设计的理论基础见第 3 章［式(3-7)］。对于自由表面流湿地系统（FWS），其方程中的比表面积虽然重要，但并不关键。与之不同的是，对于潜流人工湿地，在给定处理效果下要预测湿地所需要的面积时，填料的孔隙率至关重要。填料孔隙率与微生物降解速率常数有着直接的数学关系。

第 3 章中所示的湿地设计方程只有与试验研究结果相结合，才能对系统的 BOD_5 去除率进行预测。潜流人工湿地的数学和理论基础没有精确（完善）到仅用方程就可以进行湿地处理系统工程设计的程度。

1.5　水生植物系统

　　水生植物系统是一种浅水池塘，其中种植有浮水或沉水植物。目前研究最深入的系统是利用水葫芦或浮萍的系统。这些系统根据使用的主要植物类型分为两类。第一类是利用浮水植物的系统，该类系统的突出特点是这些植物从大气中直接吸取二氧化碳，而从下部水体吸取矿物营养。第二类是利用沉水植物的系统，其突出特点是沉水植物从水体中吸取氧气、二氧化碳和矿物质。由于沉水植物的光合作用是在水下进行的，它们的生长很容易被水体高浊度所抑制。

1.5.1　浮水植物系统

　　水葫芦（*Eichhornia crassipes*）作为综合的、先进的污水处理系统的主要组成部分，在改善氧化池出水方面已经得到了广泛研究。水葫芦的主要特色是其广泛的根系和较快的增长速度，这使得它成为一种有吸引力的细菌生物支持载体。限制其广泛使用的主要缺点是它的温度敏感性（也就是说，它们可被冬季霜冻迅速冻死）。浮萍系统已被单独或与水葫芦一起组成混养系统而研究。

　　浮萍的主要优点是它对寒冷气候不敏感，主要缺点是根系浅、对风敏感。一些水葫芦和浮萍系统已经提供了有价值的数据，美国的一些数据总结于表 1-5。奥兰多（Orlando）和圣迭戈（San Diego）项目将在第 4 章中作为案例研究进行更详细的探讨。

表 1-5　美国水生植物系统污水处理性能总结

项目	流量/(m³/d)	植物类别	BOD_5/(mg/L) 进水	BOD_5/(mg/L) 出水	SS/(mg/L) 进水	SS/(mg/L) 出水	去除率/% BOD_5	去除率/% SS	水力表面负荷/[m³/(ha·d)]
Orlando,FL 奥兰多,佛罗里达州	30280	水葫芦	4.9	3.1	3.8	3	37	21	2525
San Diego,CA 圣迭戈,加利福尼亚州	378	水葫芦	160	15	120	20	91	83	590
NSTL,MS 国家空间技术实验室,密西西比州	8	浮萍和金钱草	35	5.3	47.7	11.5	85	76	504
Austin,TX 奥斯汀,得克萨斯州	1700	水葫芦	42	12	40	9	73	78	140
N. Biloxi,MS(Cedar Lake) 北比洛克西,密西西比州(锡达湖)	49	浮萍	30	15	155	12	50	92	700
Disney World,FL 迪斯尼世界,佛罗里达州	30	水葫芦	200	26	50	14	87	72	300

1.5.2　沉水植物系统

　　沉水植物要么悬浮在水中，要么扎根于水体底部沉积物中。通常情况下，其光合作用的部分位于水下。利用沉水植物进行污水厂出水的深度处理似乎至少在理论上说是一种具有吸引力的选择。然而，这些植物易被藻类遮盖，并且易被厌氧环境严重损害和杀死的特点限制了它在实际工程中的应用。

1.6　参考文献

[1] Wile I，Miller G，Black S. Design and Use of Artificial Wetlands. Ecological Considerations in Wetland Treatment of Municipal Wastewaters，1985：26-37.

[2] Hantzsche N N. Wetland Systems for Wastewater Treatment：Engineering Applications. Ecological Considerations in Wetland Treatment of Municipal Wastewaters，1985：7-25.

[3] Godfrey P J，Kaynor E R，Pelczarski S. Ecological Considerations in Wetland Treatment of Municipal Wastewaters. 1985.

[4] Tchobanoglous G. Aquatic Plant Systems for Wastewater Treatment：Engineering Considerations. Aquatic Plants for Water Treatment and Resource Recovery，1987：27-48.

[5] Stowell R，Ludwig R，Colt J，et al. Toward the Rational Design of Aquatic Treatment Systems. 1980：14-18.

[6] Reed S，Bastian R，Jewell W. Engineering Assessment of Aquaculture Systems for Wastewater Treatment：An Overview. Aquaculture Systems for Wastewater Treatment：Seminar Proceedings and Engineering Assessment，1979：1-12.

[7] Chan E，Bursztynsky T A，Hatzsche N N，et al. The Use of Wetlands for Water Pollution Control. 1981.

[8] Stowell R，Weber S，Tchobanoglous G，et al. Mosquito Considerations in the Design of Wetland Systems for the Treatment of Wastewater. 1982.

[9] Reed S C，Bastian R K. Wetlands for Wastewater Treatment：An Engineering Perspective. Ecological Considerations in Wetlands Treatment of Municipal Wastewaters，1985：444-450.

[10] Reed S C，Middlebrooks E J，Crites R W. Natural Systems for Waste Management and Treatment. 1987.

[11] Hyde H C，Ross R S. Technology Assessment of Wetlands for Municipal Wastewater Treatment. 1984.

[12] Herskowitz J，Black S，Lewandowski W. Listowel Artrticial Marsh Treatment Project. 1987：247-261.

[13] Bavor H J，Roser D J，McKersie S. Nutrient Removal Using Shallow Lagoon-Solid Matrix Macrophyte Susyems. 1987.

02

第 2 章

环境与公共健康问题

2.1 简介

保护公众健康是废物处理的根本目的，保护环境是第二个主要目的。确保废物处理系统实现这一目标（保护公众健康和环境保护）是工程师、科学家和相关政府官员的职责[1]。

两种日渐趋同的趋势促使工程师们去考虑诸如建造湿地系统和水生植物系统等自然过程（对污水进行处理）。第一个趋势是在成本低廉的水源都被使用的同时，用水需求仍在不断增加。第二个趋势是从污水处理厂出来的生化废物不断增加，并可能进入到地表水系统。水污染控制相关在水污染防治设施的升级改造方面发挥了巨大作用，社会大众也期望能对污水处理厂的出水设定更高标准。

深度处理 BOD_5 和 N 时所需的污水处理设施，其建造和运行的成本要远高于一级和二级处理。对污水厂出水进行深度处理及研究营养物去除的不同处理方法时，人们对土地处理和湿地处理产生了新的兴趣。这类系统更多地受到自然环境条件，如温度、降水、日照、风力的影响，从这个意义上说更加"自然"，也是传统污水处理方法有效的替代选择。相比于传统系统，自然系统的运行使用更少的电能，需要较少的劳动力。

由于该系统需要较大的占地面积，因此，从公共健康和环境健康的角度来看，自然系统与野生环境以及民众都具有更多接触的可能性。出水监测也很复杂，这是因为指标微生物（总大肠菌群数）不能明确指示污水处理的程度（即病原微生物去除程度）。任何将采用人工湿地和水生植物系统进行处理的污水都必须保证对公众健康是没有危害的，可以通过修建篱笆，以限制公众接触到这类系统，这样公众健康问题就集中于出水水质和人体健康了（如果有的话，也仅限于系统运营者）。

污水中主要涉及的污染物有以下几类：氮、磷、病原微生物、重金属及痕量有机化合物。病原体包括细菌、病毒、原生动物和寄生虫。重金属包括镉、铜、铬、铅、汞、硒和锌。痕量有机物包括高度稳定的合成化合物（特别是氯代烃化合物）。

对健康造成主要威胁的可能是氮、磷、金属、病原体或有机物的污染。表 2-1 汇总了这些污染物和它们最可能的潜在影响。

表 2-1 污染物的主要影响及影响途径

污染物	影响	影响途径
氮	对健康的影响	婴幼儿饮用水
	对环境的影响	水体富营养化
磷	对健康的影响	无机磷无直接影响
	对环境的影响	水体富营养化
病原体	对健康的影响	供水,作物,气溶胶
	对环境的影响	在土壤中累积,感染野生动物

续表

污染物	影响	影响途径
金属	对健康的影响	供水,农作物,或是人类食物链中的动物
	对环境的影响	土壤长期遭破坏,对植物或野生动物有毒
微生物	对健康的影响	供水,食物链,农作物或动物
	对环境的影响	土壤中累积

2.2 氮

饮用水中对 N 含量进行了限定,以保护婴幼儿健康,地表水中也可能需要对 N 含量进行限定,以防止其发生富营养化。在氧化塘系统中,N 可以通过以下途径予以去除:植物或藻类吸收、硝化和反硝化作用,以及以氨气形式向大气扩散逸失(蒸发/挥发)。水生植物系统中 N 的去除率为 26%～96%,主要去除途径是硝化/反硝化作用[2,3]。在人工湿地系统中,脱氮率范围是 25%～85%,脱氮机制与氧化塘系统相同[4]。

2.3 磷

由于土壤和污水的接触机会有限,湿地和水生植物系统并不能有效除磷。美国国家空间技术实验室(National Space Technology Lab)对水葫芦系统研究时发现系统除磷率为 28%～57%[5]。除磷的主要机制是植物的吸收和在湿地土壤中持留。

2.4 病原体

水生处理系统中需要关注的病原体有寄生虫、细菌和病毒。所关注的主要对象是接收人工湿地或水生植物系统出水的地表水体,而病原体对地下水的污染以及通过气溶胶向异地传播一般并没有受到关注。在铺设有不透水黏土或合成材料的系统中,地下水是不会受到污染的。

污水处理设施对公共健康的影响包括池塘曝气机产生的气溶胶对处理厂工人的影响。基于几个全面的调查报告发现,暴露于污水处理过程雾化微生物的人一般不会被感染或患病[6]。

2.4.1 寄生虫

科研人员已经对市政污水和污泥的土地施用可能导致人或动物传染寄生虫病的问题进行了研究[6]。其中一个重要的研究完成于美国得克萨斯州圣安杰洛市(San Angelo, Texas),该研究结果表明,研究期间的奶牛在用污水灌溉的牧场吃草后,其体内的寄生虫数量并未增加。这些结果与较早前在波兰[8,9]和澳大利亚[10]的研究类似。这些研究虽未针对湿地系统进行，但是其结果也表明，人工湿地似乎并不存在严重的寄生虫问题。

2.4.2　细菌

野生动物可能受到湿地系统的影响，这是因为厌氧泥浆中可能包含致病的禽流肉毒杆菌生物（肉毒杆菌）。这种野生动物病原体的控制可以通过在自由表面流湿地中设置多个分散点实现。对于潜流湿地和水生植物系统，病原体并不是个突出问题。

通过污水向人类传播疾病的途径主要有：直接接触待处理污水、气溶胶迁移、食物链、未适当处理过的饮用水。

科研人员在美国加利福尼亚州桑蒂市（Santee，California）进行了关于潜流湿地中植物对去除大肠菌群作用的相关研究。每床湿地包括海帕伦塑料内衬（Hypalon，氯磺化聚乙烯合成橡胶，0.76mm），在 18.5m（长）×3.5m（宽）×0.76m（深）的湿地床中填充砾石，其上生长植物。进水为一级市政污水，水力负荷为 5cm/d，进水大肠杆菌水平平均为 6.75×10^7 MPN/100mL，出水平均值则下降到 5.77×10^6 MPN/100mL（去除率为 99%），水力停留时间为 5.5d。大肠菌群的数量下降的原因是沉淀、过滤和吸附作用。阳光被证明对大肠菌群有致命的影响[11]。

科研人员在位于加拿大安大略省利斯托韦尔（Listowel Ontario，Canada）的一个自由表面流湿地研究[12] 中发现，当维持 6~7d 的停留时间时，粪便大肠杆菌的去除效率约为 90%。在美国加利福尼亚的阿克塔自由表面流湿地，Gearheart 等人[13] 发现，当停留时间为 7.5d 时，总大肠菌群的去除率在冬季是 93%~99%、在夏季是 66%~98%。

致病性细菌及病毒在水生植物系统中的去除机制与池塘系统相同。具体机制包括：动物捕食、沉淀、吸收和不利环境条件下（如不利于细胞繁殖的阳光中的紫外线和高温）的死亡。为了量化上述机制贡献率的大小，Gearheart 等人[14] 测量了将大肠杆菌密封在塑料袋中，置于潜流湿地砾石床下的致死率，并与原位培养的大肠杆菌致死率进行对比。结果表明，湿地中原位培养的大肠杆菌的灭活速率是密封系统（即不与湿地植被接触）中的两倍，其致死率上的差异暗示出大肠杆菌的半数失活是由于植被的影响，包括植物根系及填料表面生物膜对细菌的吸收。

相比于天然湿地，人工湿地的一个强大优势是可以对其最终出水进行氯化消毒。对人工湿地和水生植物系统出水进行氯化消毒后，由于其总大肠菌群数量可以降至 2MPN/100mL[7]，因此其出水回用时将没有限制。在可能产生三卤代甲烷（THM）类化合物的情况下，人们越来越倾向于较少用氯气作为消毒剂，而是用紫外线（UV）或臭氧替代氯气，因为这两种方法不产生三卤代甲烷。

2.4.3　病毒

在大多数处理系统中，病毒比细菌更具有抗灭活性。工作人员在美国加利福尼亚州桑蒂市对 SFS 系统的病毒去除率进行了测试。在一个 800m² 示范规模的芦苇床 SFS 湿地中，停留时间为 5.5d 时病毒污染指标物（MS-2 噬菌体）的去除率为 98.3%[7]。该实验的具体措施是在进水中加入 MS-2 噬菌体，并研究其后续去除效率。选择 MS-2 型病毒，是因为它是一种 RNA 噬菌体，大小几乎与肠道病毒相同，而且比大多数肠道病毒更耐紫外线[15]、热[16] 和消毒剂[17]。

2.5　重金属

重金属是常见的环境污染物，主要产生于工业、商业和家庭活动中。新的预处理标准要求某些种类的工业污水，如电镀和金属表面处理行业的企业，要把排放水中的重金属含量降到非常低的水平[18]。纽约市的研究结果表明[19]，即使主要工业污水不进入排水系统，城市污水中依然可以检测到重金属。

城市污水处理厂中的传统一级和二级处理工艺并不能有效去除重金属。在工业污水预处理中，当重金属的来源明确时，需要采用高级的水处理工艺，包括化学沉淀法、电解法、反渗透法、离子交换法。使用这些高级工艺来去除市政污水中较低含量的重金属，具有一定的缺点：资金投入高、运行费用高、维护成本高。另外的不足之处是电解和反渗透需要高的电力成本，而且在化学沉淀过程中，由于停留时间长，会产生大量污泥。

由于含重金属的污泥往往是通过土地填埋予以处置的，因此，在人工湿地中，重金属经由物化沉淀并在人工湿地的小范围区域内持留，也能起到与土地填埋相同的处置效果，而且劳动力成本和能耗更低。重金属处理的目标是将其从大环境和食物链中予以去除，特别是河流和海洋水域的食物链。重金属是进行土地填埋还是在湿地中持留，取决于污水的处理方式。

位于加利福尼亚州桑蒂市的 SFS 人工湿地接收了含有重金属铜、锌、镉的市政污水。当水力停留时间为 5.5d 时，其中铜、锌、镉去除率分别为 99％、97％ 和 99％[20]。重金属在人工湿地中的去除归因于沉淀吸附作用。湿地的新陈代谢强化了化学沉淀过程，尤其是湿地藻类细胞消耗了水中的溶解态二氧化碳，从而提高了水体的 pH 值。MIS 湿地系统对重金属的去除效果不是非常显著。在一个案例中，水葫芦系统对镉的去除率为 85％、汞为 92％、硒为 60％[6]。

2.6　微量有机物

市政和工业污水都含有不同浓度的合成有机化合物。在 1960 至 1970 年，环境研究人员意识到某些有机污染物能够抵御常规的污水处理过程，并在环境中持留很长时间。更令人不安的是，这类持久性有毒化合物由于有脂溶性倾向，能在食物链中富集。一种化合物从水溶液中消失，可以有很多机制，这些机制有生物、化学、光化学替代和物理化学过程，如吸附、沉淀和蒸发。易降解有机物的生物降解被认为是其中最重要的途径[21]。

对采用喷灌的土地处理系统，挥发是主要的处理机制[6]，但它不是将有机物从湿地和水生植物系统中去除的主要机制。在湿地和水生植物系统中，微量有机物吸附在湿地中的黏土颗粒和有机质上，被认为是去除顽固性化合物的主要物理化学机制[6]。水葫芦系统去除痕量有机物的效果如表 2-2 所示。

表 2-2　微量有机物在实验规模水葫芦系统中的去除效果[6]

参数	浓度/(pg/L)	
	未处理污水	水葫芦系统出水
苯	2.0	未测出
甲苯	6.3	未测出
乙苯	3.3	未测出
氯苯	1.1	未测出
氯仿	4.7	0.3
氯化氰	5.7	未测出
1,1,1-三氯乙烷	4.4	未测出
四氯乙烯	4.7	0.4
苯酚	6.2	1.2
邻二苯甲酸丁苄酯	2.1	0.4
酸二乙酯	0.8	0.2
异佛尔酮	0.3	0.1
萘	0.7	0.1
1,4-二氯苯	1.1	未测出

注：停留时间为 4.5d；流量为 76m³/d；3 套单元池，每单元 2 个池子并联运行；种植密度 10～25kg/m²（净重）。

2.7　参考文献

[1]　Reed S C. Health Effects and Land Application of Wastewater. 1982：753-781.

[2]　Gearheart R A. Final Report City of ArcataMarsh Pilot Project. 1983.

[3]　Middlebrooks E J. Aquatic Plant ProcessesAssessment. 1980：43-63.

[4]　Gersberg R M，Elkins B V，Goldman C R. Nitrogen Removal in Artificial Wetlands. WaterRes，1983，17：1009-1014.

[5]　Wolverton B C，McDonald R C. Upgrading Facultative Wastewater Lagoons with VascularAquatic Plants. 1979，51：305-313.

[6]　Reed S C，Middlebrooks E J，Crites R W. Natural Systems for Waste Management andTreatment. 1987.

[7]　Gersberg R M，Brenner R，Lyon S F，et al. Survival of Bacteria and Viruses in Municipal Wastewaters Applied to ArtificialWetlands. 1987：237-245.

[8]　Patyk S. Worm Eggs in Wroclaw Sewage and on Meadows and Pastures Irrigated with MunicipalSewage. 1958：288-289.

[9]　Jankiewicz L. Survival of Ascaris Eggs On SoilsIrrigated with Communal Sewage，Zesz，nauk，A. R. 1972：275-276.

［10］ Evans K J，Mitchell I G，Salau B. Heavy Metal Accumulation in Soils Irriga-ted by Sewageand Effect in the Plant-animal System. International Conference on Devel-opments in Land Methods of Wastewater Treatment and Utilization，1978.

［11］ Gamerson A L H，Saxon J R. Water Res. 1967，1：279.

［12］ Palmateer G A，Kutas W L，Walsh M J，et al. Abstracts of the 85th Annual Meeting of the American Society for Microbiology. 1985.

［13］ Gearheart R A，Wilber S，Williams J，et al. City of Arcata，Marsh Pilot Project，Second AnnualProgress Report. 1981.

［14］ Weaver R W，Dronen N O，Foster B G，et al. Sewage Disposal onAgricul-tural Solids：Chemical and MicrobiologicalImplications，Vol. II：Microbiological Im-plications. Prepared for U. S，1978.

［15］ Kapuscinski R B，Mitchell R. Sunlightinduced Mortality of Viruses and Esch-erichia coliin Coastal Seawater. Environmental Science Technology，1982：1711-1716.

［16］ Burge W D，Colacicco D，Cramer W N. Criteria for Achieving Pathogen De-struction During Cornposting. 1981，53：1683-1690.

［17］ Havelaar A H，Hogeboom W M. A Methodfor the Enumeration of Male-Spe-cific Bacteriophages in Sewage. 1984，56：439-447.

［18］ Federal Register. Electroplating and Metal Finishing Point Source Categories；EffluentLimitations，Pretreatment Standards，New Source Performance Standards. 1983，48：137.

［19］ Klein L A，et al. Sources of Metals in New York City Wastewater. 1974，46：2653.

［20］ Gersberg R M，Lyon S R，Elkins B V，et al. The Removal of Heavy Metals byArtiticial Wetlands. 1985.

［21］ Giger W，Roberts P V. Characterization of Persistent Organic Carbon. 1978：135-175.

03

第 3 章

人工湿地设计

　　人工湿地是一种廉价高效的替代水处理工艺。构造一个原本不存在的湿地，可以避开天然湿地复杂的行政管理网络，并使湿地的设计尽量符合污水处理需要。通常人工湿地比同样面积的天然湿地运行效果更好，原因在于人工湿地的底面是分级的，而且其水力工况可以得到控制[1]。

　　除了处理市政污水外，人工湿地还可用在许多工业污水处理上。自由表面流人工湿地（FWS）作为一种经济型的矿山酸性污水处理方法得到了广泛的应用[1]。本章以美国田纳西流域管理局（TVA）运行的用于法比尤斯（Fabius）选煤场污水的自由表面流人工湿地处理系统作为实例进行介绍。

3.1　人工湿地类型

　　人工湿地包括自由表面流人工湿地（FWS）以及潜流人工湿地（SFS）。SFS 系统中，水流在可渗透介质中下潜流动。文献中有使用"根区法"和"岩石-芦苇过滤器"等名字命名此类系统的。由于这些系统中使用了挺水植物，所以它们的水处理功能依赖于基本的微生物反应；介质（土壤或岩石）则影响系统的水力运行状况。

3.1.1　自由表面流人工湿地系统

　　典型的自由表面流人工湿地系统由几部分组成：带有自然或人工建设的地下防渗层（黏土或防渗土工材料）的盆地或沟槽；种植挺水植物的土壤或其他适用介质；在土壤（或介质）表层流动的较浅的水。较浅的水深、较低的流速、植物茎秆和碎屑的存在控制着水体流动，尤其是在又长又窄的河道中，能够确保栓塞流条件。

3.1.2　潜流人工湿地系统

　　潜流人工湿地是由沟渠或槽床，以及槽床下由黏土或人造材料构成的不透水层所组成的。槽床里填充了可支持挺水植物生长的介质。该系统的进水端与出水端相比有微小坡度（1%～3%）。如图 3-1 所示，污水厂初级出水或池塘出水被引流到该系统的一端，在此处流进一个填充有碎石的横向水道中。

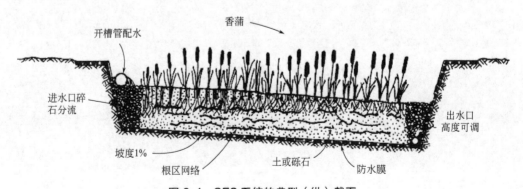

图 3-1　SFS 系统的典型（纵）截面

进水渠也可以用穿孔管或闸管代替。从进水端开始，污水水平地流过湿地植物的根区。在污水流经植物根际的途中，污水经由过滤、吸附、向底泥中的沉淀和微生物降解而得到处理。潜流湿地中物化和生化处理过程的结果相当于常规机械处理系统中的机械和生物过程（包括反硝化作用）。用于收集出水的出水渠里往往填充着粗粒径的碎石，出水可能直接排入受纳水体中。

在各种人工湿地系统中，美国研究最全面的潜流人工湿地系统是以沙砾和岩石为介质的湿地系统（比如美国加利福尼亚州桑蒂系统、马里兰州埃米茨堡系统）。

3.2　人工湿地选址

3.2.1　地形

人工湿地几乎可以建在任何地方。人工湿地系统中的挺水植物比水生植物系统能更好地抵抗冬季的寒冷。在安大略湖，无论是重黏质土壤，还是废弃的矿渣盆地（钴），都有建成的湿地实验系统。由于考虑土地平整和土方挖掘等主要的成本因素，在选择合适的湿地场地时，需要重点考虑地形。

3.2.2　自由表面流系统的土壤渗透性

在为自由表面流人工湿地选址时，必须考虑基础土壤的渗透性。湿地土壤最佳的渗透性在 $10^{-7} \sim 10^{-6} \mathrm{m/s}$[2]。砂质黏土和粉质黏土经夯实后也适合。砂质黏土的渗透性太大，一般不能支撑湿地植被的需要，除非在土壤中有一个隔水层，以便维持较高的地下水位。对于高渗土壤，可以做成窄的沟渠，然后在沟渠的底部和坡面用黏土或人造材料进行铺衬。对于重砂质土壤，在顶部土壤中加入（部分）泥炭会提高土壤渗透性，并加速植物的初始生长[3]。

3.2.3　水文因素

任何人工湿地系统的性能都是基于水文状况和其他因素的。降水、渗透、土壤水分蒸发蒸腾损失总量（ET）、水力负荷率和水深等不仅通过改变水力停留时间，还通过对废水浓缩或稀释，来影响系统对有机物、营养元素和痕量物质的去除效率。合理设计人工湿地处理系统，必须进行水文预算。停留时间或水量上的变化会显著影响水处理效果[4]。

对于人工湿地，水平衡可作如下表示：

$$Q_i - Q_o + P - ET = [dV/dt] \tag{3-1}$$

式中　Q_i——进水污水流量，体积/时间；

Q_o——出水污水流量，体积/时间；

P——降水量，体积/时间；

ET——蒸发蒸腾量，体积/时间；

V——水的体积；

t——时间。

由于存在不透水层，式(3-1) 中没有将地下水的流入和渗透计算在内。

估算降水量和蒸发量时可以参考历史气候记录。评估蒸发量可以使用像桑斯维特方程（Thornthwaite equation）这样的经验方法。如果湿地中包含相当大的开阔水域，采用蒸发皿来实地测量可能会更加有效。如果有必要的话，通过渗透测试可以对渗透失水量进行评估，渗透测试的方法可以参看《土地处理系统设计手册》[5]。如果系统的运行水深相对稳定（$dV/dt = 0$），那么出水流量可以用式(3-1) 进行估算[4]。

3.2.4　水权事项

在美国西部修建人工湿地系统可能会影响到河岸带和专有水权。这种影响包括：排水（水量、水质），地表水排水位置的变化，地表水排水量的减少等。如果现有的地表水排放受到影响，那么就必须用下游水水权进行交换。

3.3　湿地运行效果预测

湿地系统可显著降低生化需氧量（BOD_5）、悬浮固体（SS）、氮、重金属、痕量有机物以及病原体。人工湿地系统处理污水的基本机理列于表 3-1，主要包括：沉降，化学沉淀和吸附，微生物对 BOD_5、悬浮固体（SS）和氮的降解作用，以及植物对一些物质的吸收作用。一些小规模的人工湿地实验系统的处理效果总结于表 3-2。

表 3-1　人工湿地系统处理污水的基本机理[8]

机理		受影响污染物①								简述
		可沉降固体	胶状固体	BOD	N	P	重金属	难降解有机体	细菌和病毒	
物理	沉淀	P	S	I	I	I	I	I	I	固体及其污染物组分在塘/湿地中的重力沉降；水流过程中颗粒物被基质、植物根区或鱼过滤；颗粒间引力（范德华力）
	过滤	S	S							
	吸附		S							
化学	沉淀				P	P				与不溶物形成沉淀或共沉淀；在基质和植物表面发生吸附；不稳定物质在紫外线照射、氧化和降解的作用下分解或转化
	吸附				P	P	S			
	分解						P		P	
生物	细菌新陈代谢②		P	P	P			P		悬浮的、与植物共生的、底栖的细菌对胶状固体和可溶有机质的去除；细菌的硝化-反硝化作用；植物对有机物的吸收和代谢；根系分泌物可能对肠道来源的微生物具有毒性；在适宜的条件下，大量污染物会被植物吸收，但在不适宜的条件下，微生物会自然衰亡
	植物新陈代谢②							S	S	
	植物吸附				S	S	S	S		
	自然衰亡								P	

①P——首要影响，S——次要影响，I——附带影响。

②新陈代谢包括生物合成代谢和分解代谢反应。

表 3-2　试验点的出水水质[1]

地点	湿地类型	出水各项指标/(mg/L)					
		BOD$_5$	SS	NH$_4^+$	NO$_3^-$	TN	TP
利斯托韦尔,加拿大安大略(Listowel,Ontario)	开阔水域、渠	10	8	6	0.2	8.9	0.6
阿克塔,美国加利福尼亚州(Arcata,CA)	开阔水域、渠	<20	<8	<10	0.7	11.6	6.1
桑蒂,美国加利福尼亚州(Santee,CA)	砾石填料渠	<30	<8	<5	<0.2	—	
弗农维尔,美国密歇根州(Vernontville,MI)	渗流湿地			2	1.2	6.2	2.1

注:湿地处理前采用铝盐进行预处理。

　　澳大利亚悉尼附近的一个大规模 SFS 湿地研究系统的污染物去除率已见报道[6],其处理单元的尺寸是 100m(长)×4m(宽)×0.5m(高),以砾石作为填料,种植的水生植物有粉绿狐尾藻(*Myriophyllum aquaticum*)(图 3-2)、蔍草(*Schoenoplectus validus*)和东方香蒲(*Typhaorientails*)。湿地系统的进水是污水处理厂的二级出水,水力负荷 264m³/(ha·d),水力停留时间 9d,具体的出水和进水水质见图 3-3。研究结果表明:种植水生植物的砾石床湿地系统可以显著去除水体中 SS、BOD$_5$ 和氮。磷的去除效果很轻微,这与其他以岩石、砂子为填料的湿地系统研究结果一致。

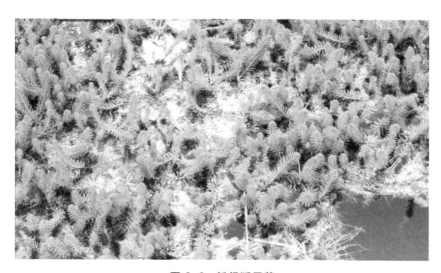

图 3-2　粉绿狐尾藻

　　Gearheart 和 Finney[7] 通过总结美国加利福尼亚州阿克塔(Arcata)自由表面流人工湿地的研究数据得出结论:湿地系统可以减弱由氧化池出水水质不平稳带来的波动,从而保证湿地出水水质更加稳定持久。人工湿地系统同时可以降低 SS 和粪便大肠杆菌群浓度,并可使水体 pH 值接近中性。但湿地系统最引人注目的好处是,人工湿地可以获得持续稳定的出水水质,而且其资金、人力和能源投入都很少。

　　人工湿地对水体的净化过程与其他形式的土地处理系统相似。可沉降有机物主要以

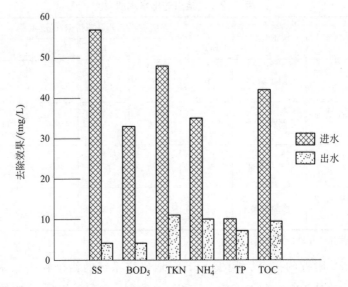

图 3-3 实验规模的人工湿地（种植蕉草的水渠）污染物去除效果[6]

沉淀的方式被去除，胶体和可溶性有机物则被好氧微生物氧化去除。

3.3.1 自由表面流人工湿地中 BOD$_5$ 的去除机理

在自由表面流人工湿地（FWS）处理系统中，可溶性 BOD$_5$ 的去除主要靠附着在植物根系、茎和落入河道中的叶子碎屑上的微生物的生长代谢作用。如果植物在水体中的覆盖度足够的话，一般不会出现藻类，所以 FWS 系统的（自然）复氧方式主要是水面复氧和水生植物从叶片向根区输氧[1]。

以下的计算标准适宜于低到中等的有机负荷湿地系统。有机负荷应该分配于湿地中的大部分区域，而不是在某一个孤立的点上。设计水深应不高于 600mm，以保证充足的溶解氧水平；而且在夏季时，为避免蒸发蒸腾（ET）损失及保证设计流量和溶氧水平，可能需要考虑对出水进行部分回流。

湿地中，BOD$_5$ 的去除率可由一级动力学方程表示：

$$C_e/C_0 = \exp(-K_T t) \tag{3-2}$$

式中　C_e——出水 BOD$_5$ 浓度，mg/L；

　　　C_0——进水 BOD$_5$ 浓度，mg/L；

　　　K_T——与温度相关的一级反应常数，d^{-1}；

　　　t——水力停留时间，d。

水力停留时间可由下式表达：

$$t = L \times W \times d/Q \tag{3-3}$$

式中　L——长，m；

　　　W——宽，m；

　　　d——深，m；

　　　Q——平均流速 [＝(进水＋出水)/2]，m^3/d。

以上公式适用于计算自由表面流系统的水力停留时间。

在自由表面流人工湿地系统中，部分有效处理空间会被植物所占据，所以，实际水力停留时间会是系统孔隙率（n）的函数，系统孔隙率可以定义为水流通过的有效水流断面（率）。

$$n = V_v \div V \tag{3-4}$$

式中 V_v——湿地内孔隙体积，m^3；

V——湿地总体积，m^3。

式(3-4)的计算结果（即 n，或 nod），实际上是系统水流的"有效深度"。通过染色（示踪）实验得到的停留时间与理论停留时间的比值，应该等于 nod/d。将式(3-3)和式(3-4)与基础模型式(3-2)结合，得出式(3-5)[1]：

$$C_e/C_0 = A \exp[(-0.7 K_T (A_v)^{1.75} L W d n) \div Q] \tag{3-5}$$

式中 A——渠首端（进水口处）未以可沉降固体形态被去除的 BOD_5 比率（以十进位小数计）；

A_v——微生物活性比表面积，m^2/m^3；

L——水流长度（与水流方向平行），m；

W——系统宽度，m；

d——设计深度，m；

n——系统孔隙度（以十进位小数计）；

Q——系统平均水力负荷，m^3/d。

一定温度下的反应速率常数可以通过 $20℃$ 下的温度常数与修正因子（1.1）计算求得[9]。温度在 T（℃）时的反应速率常数 K_T（d^{-1}）具体计算公式如下：

$$K_T = K_{20} \times 1.1^{(T-20)} \tag{3-6}$$

K_{20} 是标准速率常数（$20℃$时），式(3-5)中的其他系数估算值如下[1]：$A = 0.52$，$K_{20} = 0.0057 d^{-1}$，$A_v = 15.7 m^2/m^3$，$n = 0.75$。

加拿大安大略省利斯托韦尔（Listowel，Ontario）人工湿地系统 C_e/C_0 的实测值和估算值之间的对比结果见表 3-3。

表 3-3　加拿大安大略省利斯托韦尔（Listowel， Ontario）[1]　人工湿地系统
C_e/C_0 的实测值和估算值比较

沿渠长的运行距离/m	夏季		冬季	
	估算值	实测值	估算值	实测值
0	0.52	0.52	0.52	0.52
67	0.38	0.36	0.40	0.40
134	0.27	0.41	0.31	0.20
200	0.20	0.30	0.24	0.19
267	0.14	0.27	0.18	0.17
334（最终出水）	0.10	0.17	0.14	0.17

加拿大安大略省利斯托韦尔湿地的其他参数如下：

T（温度）$=17.8℃$（夏季），$3.0℃$（冬季）；

Q（流速）$=35m^3/d$（夏季），$18.0m^3/d$（冬季）；

W（宽度）$=4m$；

d（水深）$=0.14m$（夏季），$0.24m$（冬季）；

将以上系数代入式(3-5)，结果如下：

$A=0.52$；$K_{20}=0.0057d^{-1}$；$A_v=15.7m^2/m^3$；$n=0.75$；$T=17.8℃$（夏天）；

$Q=34.6m^3/d$（夏天）；$W=4m$；$d=0.14m$（夏天），$0.24m$（冬季）。

湿地长度为134m时，预计C_e/C_0为0.312；湿地长度为267m时，预计C_e/C_0值为0.187。

以上是对式(3-5)作为湿地设计所需的数学表达式的举例示范，计算过程中使用的系数来自利斯托韦尔湿地系统中的实测数据，式(3-5)对比表面积（A_v）和水温（T）的敏感性进行了检验。

图3-4展示了C_e/C_0值对A_v的敏感性。这意味着，当A_v值为$12\sim16m^2/m^3$时，相应的芦苇茎秆的直径范围为$12\sim16mm$，在长度为335m的湿地渠道末端，C_e/C_0值可以在$0.18\sim0.098$变动。对于茎秆直径为12mm、植物体容积率为5%的情况，可以估算出其比表面积为$15.7m^2/m^3$[1]。该参数（C_e/C_0）并不能直接在湿地环境中测量得知。这个参数代表了水下所有的植物体有效面积，包括植物的根、茎和叶。此公式对于比表面积的敏感度并不是很高，这就意味着可以对比表面积进行估计，并通过公式进行预测，而预测值很可能与实测值相匹配。如果此公式对比表面积估算值很敏感的话，我们就必须知道比表面积的精确数值，但这是不可能的，这便会限制该公式的适用范围。

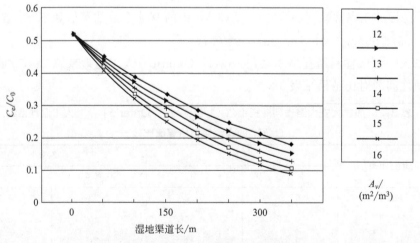

图3-4　C_e/C_0比值对A_v的敏感度

在利斯托韦尔湿地系统中，通过改变水温（$5\sim25℃$），并预测C_e/C_0值，求得了式(3-5)对于水温的敏感程度。如图3-5所示，在5℃时C_e/C_0相对于25℃时处理效率显著降低。这表明式(3-5)对于温度的变化相当敏感，因此，在使用公式时必须事先知

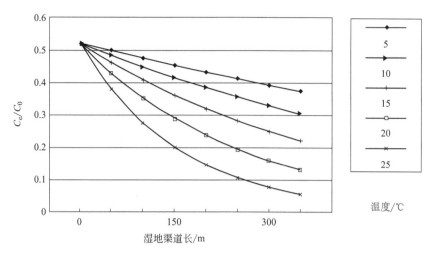

图 3-5 C_e/C_0 值对水温的敏感度

道水温的精确值。

实际运行时，在冬季，由于生成冰层的原因，湿地系统的水深要相应增高，由此使得水力停留时间相应增加，相应地会对 C_e/C_0 值产生一个补偿效果。

3.3.2 潜流人工湿地 BOD₅ 的去除

填料层（土、砾石、岩石以及沟渠中的其他基质）的氧气主要是通过植物根区传递。很多情况下，潜流湿地系统的水平面都维持在表层填料以下，这样大气复氧的可能性就很小，因此，植物在输氧方面起到了关键性的作用。

美国加利福尼亚州桑蒂市的人工湿地试验表明，香蒲的根部只能伸展到水平面以下300mm，芦苇的根系可以伸到水平面以下 600mm，蔗草的根部可以伸到水平面以下760mm。在气候更加寒冷的西欧地区，芦苇的有效根系也被认为是水平面以下600mm[1]。美国加利福尼亚州桑蒂市的人工湿地填料床（以砂砾为主）深度为760mm，水平面保持在填料床稍下[10]。桑蒂市人工湿地试验中三个平行处理（香蒲、芦苇、蔗草）单元的 BOD₅ 去除率监测结果显示这三个单元中的好氧范围增大，这可能是因为植物根系伸展导致的氧气渗透量增大。

这与相关资料中自由表面流人工湿地系统的描述一致，潜流人工湿地对 BOD₅ 的去除率也可以用塞流式一级动力学方程描述，如式（3-2）所示。

可以对式（3-2）进行转换，用以计算潜流系统所需的表面积：

$$A_s = \left[Q(\ln C_0 - \ln C_e)\right] \div (K_T dn) \tag{3-7}$$

式中 C_e——出水 BOD₅ 浓度，mg/L；

C_0——进水 BOD₅ 浓度，mg/L；

K_T——与温度相关的一级反应速率常数，d^{-1}；

t——水力停留时间，d；

Q——系统平均流速，m^3/d；

d——潜流深度，m；

n——填料床的孔隙率，以分数表示；

A_s——系统的表面积，m^2。

潜流湿地水流截面积的计算公式：

$$A_c = Q \div k_s S \qquad (3-8)$$

式中　A_c——dW，湿地床的水流截面积，垂直于水流方向，m^2；

d——湿地床深度，m；

R——湿地床宽，m；

k_s——填料的水力传导系数，$m^3/(m^2 \cdot d)$；

S——湿地床斜度，或水力梯度（分数或小数）。

湿地床宽度计算公式：

$$W = A_c \div d \qquad (3-9)$$

水流截面积和床宽以达西定律确定：

$$Q = k_s A_s S \qquad (3-10)$$

由于湿地床的水流截面积和床宽会受介质的水力特性所控制，所以它们不受温度（气候）和有机负荷的影响。

对潜流湿地来说，K_T 值可以通过式(3-6)和已知的 K_{20} 值计算出来。例如，典型的中、粗砂（直径 0.2~2.0mm）的 K_{20} 值在 $1.28d^{-1}$ 左右。总结欧洲地区和美国加利福尼亚州桑蒂市的试验数据，在温暖地区（气温20℃以上）碎石砂填料床中采用的 K_{20} 取值示于表 3-4[1]。需要指出的是，采用大粒径填料（导致孔隙率降低）以及在低温下运行的湿地系统还没有得到相应研究，所以上述公式可能并不适用于此种情况。与填料粒径相对应的孔隙率、水力负荷和 K_{20} 值示于表 3-4。

表 3-4　潜流湿地系统的填料特性

填料类型	粒径/mm	孔隙率(n)	水力负荷/ $[m^3/(m^2 \cdot d)]$	K_{20}
中砂	1	0.42	420	1.84
粗砂	2	0.39	480	1.35
砾石	8	0.35	500	0.86

设计问题范例：潜流式人工湿地（SFS）

对于用于处理兼性塘出水的潜流湿地系统，计算湿地系统需要的表面积和湿地深度。假设进水 BOD_5 为 130mg/L，设计出水 BOD_5 为 20mg/L。湿地植物主要以香蒲为主，冬季水温6℃，夏季水温15℃，日处理水量950m^3。

计算过程：

① 选择香蒲是因为它是当地湿地的优势物种。根据上面的讨论结果，在加利福尼亚桑蒂市的试验中，我们知道香蒲的根茎最多可以生长至填料以下 0.3m 处，所以填料层厚度应为 0.3m。

② 湿地填料床的坡度主要取决于试验点地形构造，很多湿地系统的坡度设计为 0.01 或稍大一点。对于本系统，设计坡度为 0.01，以易于建造。

③ 雷德（Reed）等人[1] 已经证实，需要检查 k_sS 是否小于 8.60。选择粗砂作为填料，并从表 3-4 中选择特性指标 $n=0.39$，$k_s=480$，$K_{20}=1.35$。

$$k_sS = 480 \times 0.01 = 4.8 < 8.60$$

④ 利用式（3-6）计算一级反应速率常数 K_T：

$$K_T = K_{20} \times 1.1^{(T-20)}$$

冬季：

$$K_T = 1.35 \times 1.1^{(6-20)} = 0.36$$

夏季：

$$K_T = 1.35 \times 1.1^{(15-20)} = 0.84$$

⑤ 利用式（3-8）计算湿地横截面积 A_c：

$$A_c = Q \div k_sS$$

$$A_c = 950 \div (480 \times 0.01) = 198(\text{m}^2)$$

⑥ 利用式（3-9）计算湿地床宽 W：

$$W = A_c \div d$$

$$W = 198 \div 0.3 = 660(\text{m})$$

⑦ 利用式（3-7）计算湿地所需表面积：

$$A_s = [Q(\ln C_0 - \ln C_e)] \div (K_T dn)$$

冬季：

$$A_s = [950 \times (4.87 - 3.00)] \div (0.36 \times 0.3 \times 0.39) = 42177(\text{m}^2) = 4.22(\text{ha})$$

夏季：

$$A_s = 18076\text{m}^2 = 1.81\text{ha}$$

以冬季所需表面积为湿地设计面积，取 4.22ha。

⑧ 计算湿地长度及水力停留时间：

$$L = A_s \div W \tag{3-11}$$

$$L = 42177 \div 660 = 63.9\text{m}$$

$$t = V_v \div Q = LWdn \div Q \tag{3-12}$$

$$t = 63.9 \times 660 \times 0.3 \times 0.39 \div 950 = 5.2(\text{d})$$

将湿地分割为多个宽为 60m 的单元，以便在进水区进行更好的水力控制。即构建 11 个单元，单元尺寸为 60m×64m。

⑨ 所有 11 个单元在冬季全部运行。在夏季时，部分单元可以排空，用以维修和收割湿地植物（春季或秋季）。除了短暂排水用于维修外，所有单元在冬季和夏季都处于运行状态。当一个单元处于休眠期或彻底排干后，其性能恢复是一个缓慢的过程。

3.3.3　固体悬浮物的去除

根据表 3-2 和图 3-3 所示，这两种人工湿地系统对固体悬浮物的去除都非常有效，大部分固体悬浮物主要在距入水口不远处的前段被去除，这是由于系统中水体处于静止状态且水较浅。控制水流扩散方式和设计合适的布水管有助于保证固体悬浮物去除所需的低流速，以及进水负荷的均匀分布，从而避免水流通道的上游出现缺氧状态。

如果湿地系统中没有植物遮挡阳光的话，藻类滋生就会成为困扰湿地的一个问题。藻类的繁殖会导致水体 SS 升高，并使得水体中 DO 含量产生剧烈的昼夜变化。

3.3.4 脱氮

硝化/反硝化过程是湿地脱氮的主要方式[1]。桑蒂市试验中水体氮的去除率在 60%～86%[11]。试验表明，人工湿地系统如果管理得好，系统内生长的水生植物可以为系统提供足够的碳源，从而有效促进反硝化过程发生[11]。

对于脱氮效果，有报道称水力停留时间达到 5～7d 时，出水的 TKN 将小于 10mg/L。典型的试验结果见图 3-6（该图在数据散点上部加了一条回归曲线）[6]。

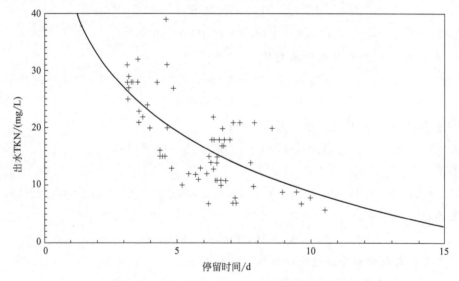

图 3-6 TKN 和水力停留时间之间的回归曲线

系统为交互式香蒲/开放水/砂石系统，图中为对数曲线，相关系数 0.70[6]

3.3.5 除磷

大多数湿地系统对除磷并不十分有效，这主要是由污水和土壤的接触机会过少造成的。但是沉水填料系统例外，因为这种系统中加入了适量的土壤作为填料。黏土含量提高，会提高铁以及铝的含量，能有效提高系统除磷能力[1]。然而，使用土壤作为填料，会降低水力负荷率，也就需要更大的过水表面积。

3.3.6 重金属的去除

对于自由表面流人工湿地系统，重金属去除方面的数据非常有限。这是因为湿地中重金属的去除机理与磷相似，所以重金属的去除也不是十分有效。

对于潜流人工湿地系统，水体与填料之间接触和吸附的机会增加，重金属的去除效果可能会很好[1]。人工湿地系统重金属的去除机理主要是沉淀-吸附。湿地系统（生物）的新陈代谢，提高了水体 pH 值，使之接近于中性，从而促进了沉淀反应的发生。在桑蒂市试验点，水力停留时间为 5.5d 的人工湿地系统对铜、锌、镉的去除率分别为 99%、97% 和 99%[12]。随着湿地的运行，湿地填料上可交换的吸附点位将逐渐耗竭，所以湿地对磷和重金属的去除容量是有限的。

3.4　工艺参数

人工湿地系统可以看作是一个附着生长的生物反应器，其运行效果可以用塞流式一级动力学方程描述。本节内容介绍 FWS 和 SFS 这两种人工湿地系统关于 BOD_5 负荷的设计指导。这些指导参数引自于一个比较有限的数据库，所以使用这些参数时应该慎重考虑当地的具体情况，强烈建议在工程应用之前先做小试试验。

3.4.1　设计目标

利用人工湿地系统处理高浓度 BOD_5 污水具有一定的局限性。虽然有少量数据显示人工湿地系统可用于初级出水的处理，但人工湿地更普遍的应用还是用于提升二级出水水质[4]。此外，人工湿地系统还应用于以下几个方面：酸性矿山排水、雨水处理和增强现有湿地的污染物消纳能力。

就用于污水厂二级出水深度净化方面的人工湿地系统而言，以下两处湿地系统已经进行了实验规模和工程规模的研究：美国斜村卡森河人工湿地系统（Incline Village's Carson River wetlands system）和加利福尼亚的阿克塔人工湿地系统（Arcata, California，详见 3.8.1）。在阿克塔人工湿地系统中，污水厂二级出水经由人工湿地净化后，再由深海排水管道排入洪堡湾，这是一种低成本的水处理方案。

自由表面流人工湿地系统作为一个相对廉价的处理系统，广泛用于处理酸性矿山污水。在 1984—1985 年之间，美国宾夕法尼亚、西弗吉尼亚、俄亥俄和马里兰州建设了 20 多个像这样的处理工程[1]。系统中用于降解矿山污水污染物的氧气主要由湿地挺水植物的根区和漂浮藻类提供。漂浮藻类吸收了水体中的二氧化碳，从而使水体的 pH 上升。pH 上升及污水中金属离子相互作用的综合结果是污水中的重金属发生物理化学沉淀，从而沉积在湿地土壤和底泥中。其直接效果是污水中铁离子的含量可以从进水的 $25 \sim 100 mg/L$ 降至出水的 $2mg/L$。

增强现有湿地的污染物消纳能力是人工湿地系统的重要功能之一。美国内华达州明登（Minden）市附近的斜村综合改善区域（Village General Improvement District）的湿地系统，包括一个与现有自然温泉湿地毗邻的人工湿地。通过人工湿地向自然湿地提供了水质更为可靠的水源，使这片自然湿地区域的水禽和野生动物群落更加稳定。

位于美国加利福尼亚阿克塔市的人工湿地系统，其处理效果已经达到了美国国家污染物削减系统要求的排放标准（NPDES），同时改善了洪堡湾的水质。"该水处理工程符合国家的再生水回用政策，一方面，它利用污水资源来建造湿地，另一方面，氧化塘中无脊椎动物可用作鲑鱼水产养殖所需的饲料。人工景观湖中的再生水持续地向洪堡湾的泥滩提供营养物质，同时也为湖中投放的大马哈鱼鱼苗提供食物，与海洋形成一个完整的水产生态体系"[7]。

3.4.2　BOD₅ 负荷率

对于人工湿地处理系统，有机污染负荷的控制目标有两个。首先，是为反硝化过程提供充足的碳源，其次也要控制水体中的有机负荷含量，以防止水体有机负荷超出人工湿地中挺水植物的消耗水平。如果碳源不足以保证反硝化过程的进行，那么脱氮效果将会降低。然而，有机负荷过高，特别是当有机负荷不能在系统中均匀分配时，会导致湿地植物死亡并产生臭味。

在自由表面流人工湿地（FWS）系统中，有机负荷可以通过分步给水的进水方式，以及将出水进行回流的方法予以控制。典型的 BOD_5 有机负荷上限为 $112kg/(ha \cdot d)$。

自由表面流人工湿地（FWS）系统的有机负荷校正可以通过对湿地植物输氧量的估算进行。估算分两步进行：①计算需氧量；②计算湿地表面的可得氧量。该估算用到以下两个公式：

$$需氧量(O_2) = 1.5 \times BOD_5 \tag{3-13}$$

$$可得氧量 = (TrO_2)(A_s) \div 1000 \tag{3-14}$$

式中　O_2——需氧量；

　　BOD_5——有机负荷，kg/d；

　　TrO_2——水生植物对氧气的转化率，$20g/(m^2 \cdot d)$；

　　A_s——湿地表面积，m^2。

出于安全考虑，可得氧气量应该是需氧气量的 2 倍[1]，常用的挺水植物对湿地表面的输氧速率为 $5 \sim 45g/(m^2 \cdot d)$。若对氧传输速率取一个有代表性的值 $20g/(m^2 \cdot d)$ 的话，那么湿地的有机负荷（以 BOD_5 计）应该为 $133kg/(ha \cdot d)$。

3.4.3　水力负荷

对于自由表面流人工湿地（FWS）系统，水力负荷与湿地中特有的水文特征紧密联系。同样，有机负荷也同水力负荷紧密相连。已报道[13] 的人工湿地水力负荷一般为 $150 \sim 500m^3/(ha \cdot d)$。通常情况下，在设计水力负荷时，必须充分考虑当地的特有条件，如气候、土壤条件（特别是土壤渗透性）、水生植物种类等。从加拿大安大略省的利斯托尔湿地考察结果来看，水力负荷在 $200m^3/(ha \cdot d)$ 左右可以达到最佳的水处理效果。

由于土壤水分蒸发和蒸腾造成水分损失会对湿地系统造成影响，在干旱地区设计人工湿地时应考虑其可行性，在任何地区设计人工湿地时都应考虑其在温暖季节以及夏季的运行效果。在美国西部各州，对于水量控制的相关法律比较完善和严格，因此有必要进行湿地用水的替代水量补充，以保护下游用水者的权利。夏季月份由于蒸发造成水量损失使得湿地系统中水量下降，即使人工湿地处理系统的效果很好，也会使得水体中残存的污染物质浓度增高[1]。

对于一些特殊的情况，湿地系统没有出水，即排水为零，那么，水力负荷就是设计过程中要关注的重点。对于零排放的人工湿地处理系统，进入系统的水体有三种去向，即蒸发、蒸腾和下渗补给地下水。

3.4.4　自由表面流人工湿地系统水深

人工湿地系统中的水面高度和淹没的持续时间是选择和维护湿地植物时需要考虑的一个重要因素[1]。香蒲在淹水环境中生长良好，并且能够在水深超过150mm的地方成为优势种。芦苇在水岸边生长，这里的水面往往在表层填料以下，但是芦苇也能够生长在水深超过1.5m的地方。芦苇在积水处生长情况最好，但水深好像对它没有直接影响。

在浅水的富营养水域，普通芦苇竞争能力较弱，可能会让位于其他物种。藨草可以忍耐长时期的淹水土壤环境，在美国加利福尼亚，经常可以在水深7.5～250mm的地方发现这种植物[14]；但是，在更深的水域，藨草又会被香蒲所取代。莎草一般生长于水体岸边，或是生长在比藨草的生长区域更浅的水域。

3.4.5　水力停留时间

与其他影响因素相比较而言，人工湿地的处理效果与水力停留时间这一参数密切相关。坡度、水深、植物、区域面积、处理单元几何形状等控制着水体流速，也就控制着水流贯穿整个人工湿地系统所需的水力停留时间[7]。

有报道指出，6～7d是人工湿地系统处理污水厂一级和二级出水时的最佳水力停留时间[15]。停留时间太短，不能为污染物的降解提供足够的时间；停留时间过长则会导致水流停滞和厌氧。

在一定的水力负荷条件下，2个气候因素可以影响水力停留时间。在夏季，蒸腾作用显著延长了水力停留时间；而在冬季，由于冰层的形成，水力停留时间显著减少。在爱尔兰凯里的里斯托尔，为了尽量降低季节因素对水力停留时间的影响，推荐夏季水位为100mm，冬季（在预计将要结冰的情况下）水位应提高至300mm。

估算湿地系统的水力停留时间可能会因以下因素变得困难。首先是由于地形、植物生长、固体沉积及水体渠道化（短路）程度的差异。另外，湿地系统中易存在大面积的死水区，可能只有一小片区域允许污水通过。

3.5　预处理

为了减少建设和运行成本，最好对进入人工湿地系统的污水进行最低程度的预处理。但是，由于预处理程度影响着出水水质，因此进行预处理设计时必须考虑出水水质目标。

运用传统的一级处理工艺对湿地进水进行预处理往往投资很高，也不实用，除非该处理系统早就存在。如果前期采用传统的潟湖工艺对污水进行预处理，会消耗大量的土地，同时在冬季会产生硫化氢，在夏季会滋生藻类。里斯托尔的试验结果表明，（预处理时）对污水中的 SS 和 BOD_5 进行一定程度的去除，可以降低水体需氧量以及避免湿地上游河段淤泥堆积问题。当湿地需要去除磷时，推荐在预处理阶段使用化学加成方法除磷。

3.6 植物

湿地植物的主要作用在于向根区输送氧气。在根区，植物体的茎、根状茎、根须插入土壤或是填料层中，氧气通过根茎传递到的地方，比大气扩散所能达到的地方更深[1]。

对于自由表面流（FWS）人工湿地系统，最重要的就是沉水植物的叶、茎和碎屑，它们是附着微生物生长的基质。正是这种附着生物群的生化反应，使得人工湿地水处理系统中多数的水处理过程得以发生。

在人工湿地系统中，常用的挺水植物包括香蒲、芦苇、藨草、灯心草和莎草。这几种水生植物的分布情况以及生存条件列于表 3-5 中。

表 3-5 人工湿地系统常用挺水植物的分布情况及生存条件

植物名称	学名	分布区域	温度/℃		最大耐盐度/10^{-3}	适应 pH 范围
			理想温度	种子萌发温度		
香蒲	*Typha* spp.	全球范围	10～30	12～24	30	4～10
芦苇	*Phragmites communis*	全球范围	12～23	10～30	45	2～8
灯心草	*Juncus* spp.	全球范围	12～26		20	5～7.5
藨草	*Scirpus* spp.	全球范围	18～27		20	4～9
莎草	*Carex* spp.	全球范围	14～32			5～7.5

3.6.1 香蒲

香蒲分布广泛，耐寒，由于其可以在各种环境下茂盛生长，易于繁殖，因此，它是一种理想的用于人工湿地的水生植物（图 3-7）。这种植物每年的生物量颇丰，也能通

图 3-7 香蒲

过植物吸收作用去除一小部分氮和磷（当进行植物收割时）。种植香蒲时，根区间隔大约 1m，三个月内，根与根之间的间隔就会被浓密的植物所覆盖[3]。

3.6.2　蔗草

蔗草为灯心草属（*Juncus*）中的一种，多年生，长有草状叶，成丛生长[5]（图 3-8），蔗草普遍存在于内陆水域和近海，以及咸水及盐水湿地。蔗草在水深 3～5m 的条件下生长良好，理想的生长温度在 18～27℃[1]，适宜 pH 值在 4～9[19]。

图 3-8　蔗草

3.6.3　芦苇

芦苇是一种一年生、植株较高的草本植物，其根系为多年生，生长范围大（图 3-9）。在欧洲，芦苇曾被用于根区污水处理，是目前分布最广泛的挺水植物。由于芦苇的根系垂直向下生长，比香蒲扎得更深[1]，所以人工湿地系统采用芦苇具有更为有效的输氧能力。

图 3-9　芦苇

3.7　湿地处理单元结构设计因素

3.7.1　系统构造

在利斯托韦尔试验点的研究证明，比较大的长宽比是保证塞流式水流的重要条件。[3] 模型［式(3-5)］中，塞流式水力特性被假定为人工湿地主要的水流模式。因此，湿地需要设计较大的长宽比，或在湿地内部构造护堤或挡墙等，以建立（理想）湿地水流模式。

3.7.2　进水分配系统

对于由一系列有着较大长宽比单元所组成的湿地而言，其进水分配系统可以简单地通过管道和阀门（位于每个单元渠的上端）实现。对于任何一个系统，都应控制进水流量，以实现进水向预期的渠道或湿地部分进行配水，同时要设置溢流口，以分散多余水量以及紧急情况下导流。

对于人工湿地系统的管理和有效运行而言，将进水在湿地中进行多点配水是至关重要的。对于需要循环的湿地系统而言，必须修建一个具有回水管道的泵站。也可以选择将塞流式通道设计为能够回流到进水扣除，以便减少循环的运行成本。同时，流量监测也是进水分配系统中一个重要的组成部分。

3.7.3　出水口结构

出水口的构造形式依据人工湿地系统进水特性以及系统子单元的数量而定。湿地的出水口构造特征与图 3-1 所示类似，其通常包括出水深沟和水位可调的出水管。出水口结构必须能够控制水深，特别是在冬季时，由于冰层的形成，为保证人工湿地的处理效果，需要更深的水深。出水构筑物还应建设有在冰冻季节防止冰冻危害和封闭的控制点。

3.7.4　自由表面流人工湿地的疾病传播（蚊虫）控制

自由表面流人工湿地（FWS）为许多昆虫提供了理想的繁育环境，特别是蚊子。在利斯托韦尔，库蚊的种群数量与水体有机负荷呈正相关关系，与水面浮萍遮蔽度呈负相关关系。但对于潜流人工湿地而言，蚊虫滋生问题基本不存在（这也是考虑潜流人工湿地设计的主要原因之一）。

3.7.5　湿地植物的收割

一般来说，湿地植物并不一定需要收割，尤其是潜流湿地系统[2]。对于自由表面流人工湿地（FWS）系统，有时为了保持理想的水力特征，避免植物残体堆积形成小丘（这会导致水流短路），每年可以将干燥的草本植物烧掉。一般情况下定期收割植物并不认为是去除营养物的有效手段。例如，在利斯托韦尔试验点，植物生长季后每年收割一次植物，收割的干重生物量为 $200g/m^2$，其去除的氮、磷仅分别占到湿地氮、磷年负荷的 8% 和 10%[3]。

如果早一点进行收割，即在香蒲中营养物质迁移之前进行收割，或是在一个季节中进行多次收割，都能更有效地达到去除营养物质的目的。同时，定期收割植物对于减少湿地系统中由于杂草碎屑的过度堆积而缩减人工湿地系统的寿命，也是一种理想的手段。

3.8 个案研究

这部分内容主要对四个人工湿地系统（其中包括三个自由表面流系统和一个潜流系统）进行总结。这四个人工湿地系统代表了科研人员对湿地系统的理解以及实践经验水平。这四个系统分别是美国加利福尼亚州的阿克塔系统（Arcata），马里兰州的埃米茨堡（Emmitsburg），加利福尼亚州的居斯蒂娜系统（Gustine）和亚拉巴马州的杰克逊县系统（Jackson ounty）。选择阿克塔系统，主要是因为它已经开展了试验工作，而且项目的主要目的是提高该地区地表水的有效利用。选择埃米茨堡系统是因为它是一个在冬季气温较低的地区运行的潜水床系统。选择居斯蒂娜系统是因为它是一个试验研究系统，并且它试图对进水水质进行相应的控制。选择杰克逊县系统则是因为该系统被用于处理与采矿相关的废水。

3.8.1 加利福尼亚州的阿克塔系统

阿克塔系统是一个自由表面流人工湿地处理系统，该系统对市政氧化塘出水进行进一步处理后，排入沼泽。

3.8.1.1 背景

阿克塔市污水处理厂及下水管道建于 20 世纪 40 年代，当时，污水经简单的初级处理后排放至洪堡湾（Humboldt Bay）。1958 年增建了氧化塘，随后氯化车间和脱氯设备也分别于 1968 年和 1975 年建成。

1975 年 4 月，北部海岸地区的流域综合规划被加利福尼亚州水资源控制委员会采纳，并且被纳入海湾和入海口的相关政策中[16]。加利福尼亚州对于污水排入洪堡湾的政策是：所有排入封闭海湾和河口的污水都应尽早停止。地方水质控制委员会被授权可以对属于下面情况的排放予以豁免：污水排放者能够证明自己"对污水进行持续处理，并在提高现有受纳水体水质的前提下进行排放"。

1977 年，阿克塔市向地方水质控制委员会提出污水处理工艺的建议：现有的主沉池和面积为 22.3ha 的氧化塘处理设施保留，同时新建三个人工沼泽湿地（共 12.6ha），沼泽湿地出水先流经一个 6.9ha 的人工湖，再排入洪堡湾。阿克塔市称此处理系统可以充分保护洪堡湾现有的使用价值，并且最终能够使该海湾具有更全面或是新的使用价值。

州水资源控制委员会为此资助了一个自 1979 年 11 月开始的、为期三年的试验研究项目。该试验结果令人鼓舞，1983 年委员会认可该沼泽湿地系统能够提升洪堡湾的景观和教育研究价值，而且大规模的湿地系统能够满足流域规划的要求。于是，在 1986 年，建成并运行了本沼泽湿地系统。

3.8.1.2　设计目标

阿克塔湿地系统的设计目标是湿地出水满足 NPDES 的排放要求（具体见表 3-6），同时提升洪堡湾的水生态环境，湿地还被设计和维护成为野生动植物的栖息地。

表 3-6　阿克塔市污水排放要求

指标[①]	月均值	周均值	日最高值
BOD_5(20℃)/(mg/L)	30	45	60
SS/(g/L)	30	45	60
可沉降固体/(g/L)	0.1	—	0.2
总大肠杆菌/(MPN/100mL)	23	—	230
氯/(mg/L)			0.1
总油脂含量/(mg/L)	15		20
毒性/tu	1.5	2.0	2.5

①　所有时间内 6.5≤pH≤8.5。

3.8.1.3　试验结果

（1）试验设施描述。试验系统由 12 个试验单元组成，宽约 6.1m，长约 61m，水深约 1.2m[17]，12 个处理单元每 4 个为一组，共分 3 组（见图 3-10），采用 60°的 V 形缺口堰（图 3-11），将各处理单元的水深控制在 0.3m 或 0.6m。

单元底部以及护坡均铺垫黏土以防止渗漏，湿地单元最初种植的是碱蔍和硬秆蔍，但在三年试验期结束时，湿地系统的水生植物已经演替为优势物种为硬秆蔍、香蒲、水芹、金钱草和浮萍在内的水生植物群落。

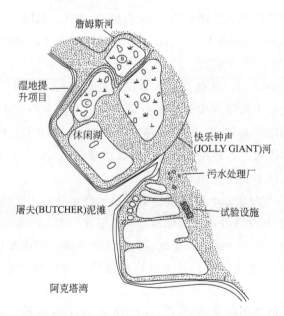

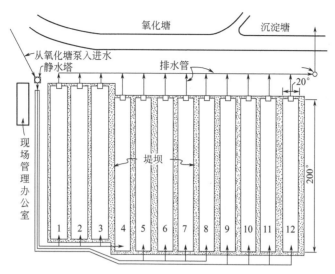

图 3-10　加利福尼亚州阿克塔人工湿地试验点

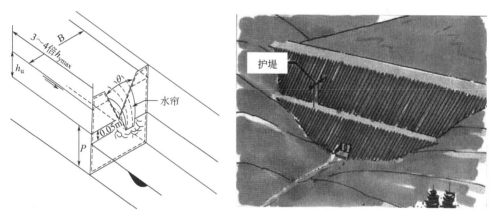

图 3-11　V 形缺口堰和护堤

（2）试验设计。三年试验研究的第一年，主要是进行试验设施及沼泽湿地的构建。在接下来的两年中，则对 12 个处理单元在稳定运行状态下的运行数据进行记录（表 3-7）。试验设计内容包括：三种水力负荷［2400m³/(ha·d)、1200m³/(ha·d) 和 600m³/(ha·d)］和两种水深（0.3m 和 0.6m）的不同组合。每种组合设两个平行处理。然而，由于实际的堰高和流量与设计值之间存在偏差，导致两个平行处理的水力负荷和水力停留时间也存在差异。在湿地运行的第二年，前 4 个处理单元的水力负荷从 2400m³/(ha·d) 降到了 300m³/(ha·d)。

人工湿地系统的进水来自 22.3ha 的市政氧化塘。研究人员对 12 个处理单元的进出水进行了常规的 BOD_5、SS、总大肠杆菌、有机氮、氨氮、硝酸盐、总磷、重金属、pH、溶解氧、生物毒性和浑浊度等指标的监测。此外，还进行了示踪试验和杀菌效能实验。

表 3-7　加利福尼亚州阿克塔人工湿地系统水力负荷和水力停留时间

项目		沼泽湿地单元编号											
		1	2	3	4	5	6	7	8	9	10	11	12
流量/ (m³/d)	1980 年 9 月 11 日— 1981 年 12 月 31 日	17.2	17.1	15.2	15.8	9.0	8.2	8.4	8.4	5.4	5.4	4.4	4.3
	1982 年 1 月 1 日— 1982 年 1 月 31 日	3.5	1.5	1.4	1.5	9.0	8.2	8.4	8.4	5.4	5.4	4.4	4.3
水力负荷/ [m³/(m²·d)]	1980 年 9 月 1 日— 1981 年 12 月 31 日	0.24	0.24	0.19	0.22	0.12	0.11	0.11	0.11	0.07	0.07	0.06	0.06
	1982 年 1 月 1 日— 1982 年 1 月 31 日	0.05	0.02	0.02	0.02	0.12	0.11	0.11	0.11	0.07	0.07	0.06	0.06
水深/ m	1980 年 9 月 1 日— 1981 年 12 月 31 日	0.55	0.40	0.61	0.36	0.49	0.30	0.55	0.33	0.55	0.33	0.50	0.35
水力停留 时间/h	1980 年 9 月 1 日— 1981 年 12 月 31 日	52	38	65	37	88	59	106	58	180	90	183	132
	1982 年 1 月 1 日— 1982 年 1 月 31 日	257	411	697	369	88	59	106	58	160	90	183	132

在初步研究之后，州水资源控制委员会又赞助了另一项研究[18]。这次研究的重点在于确定定期收割植物对于提升湿地水处理效果、控制野生动物及蚊虫繁殖的影响，同时调查目标微生物种类及其去除效果。12 个处理单元中的 10 个通过整修改造以满足试验要求：对部分单元里的水生植物进行定期收割，在其他单元里加装挡板，具体参见表 3-8。所有单元的水力负荷维持在 700m³/(ha·d)，水深设定为 0.6m，这样其理论水力停留时间为 7.5d。植物收割以人工收割方式（利用割草机、砍刀和耙）进行。

表 3-8　阿克塔人工湿地系统试验单元植物和挡板设置[18]

单元编号	试验单元植物、挡板设置
单元 1	出水所在单元的 50% 予以收割①
单元 2	单元植物全部收割
单元 3	单元自上一个季节以来保持不变（硬秆蔍草）
单元 4	自出水口以上 6m 处开如间隔 6m 条带状收割②
单元 5	单元自上一个季节以来保持不变（香蒲）
单元 6	湿地单元系统平均分割成 30m×6m 的四部分
单元 7	湿地单元系统平均分割成 15m×6m 的四部分
单元 8	湿地单元系统平均分割成 7.5m×6m 的四部分
单元 9	最后 15-m(50-H) 段植被保留，然后间隔 15m 条带状收割
单元 10	进水所在单元的 50% 予以收割

① 单元中植物在 1984 年 11 月收获。
② 每个处理单元后加设有 3 个 V 形缺口堰的挡板，使水流顺利流向下个单元。

在第一个试验研究过程中，湿地系统的进水是氧化塘出水，同时湿地系统的各单元均定期监测进水和出水的 BOD_5、SS、氨氮、硝态氮、总磷、pH、DO（溶解氧）、浊度、总大肠杆菌。同时也进行了针对目标微生物和蚊虫繁殖情况的特别研究。

（3）试验结果。在第一个试验中，进水 BOD_5 的平均值为 24.5mg/L，标准偏差为 12.3mg/L。所有处理单元的平均去除率为 46%。如预期的一样，较低的水力负荷产生了较好的出水水质。水力负荷为 $2400m^3/(ha \cdot d)$、$1200m^3/(ha \cdot d)$、$600m^3/(ha \cdot d)$ 和 $300m^3/(ha \cdot d)$ 条件下的去除率分别为 35%、45%、55% 和 75%（见表 3-9）。尽管进水 BOD_5 会因藻类生长等随季节增长，但湿地系统中 BOD_5 去除率的变化却表现出受一些不易量化的因素的影响，例如植物生长的连续性，而不受季节性因素如温度和日照等影响。总之，除了系统运行的第一个春季和夏季外，研究结果都证实该沼泽湿地处理系统在各种负荷水平下都能达到预期的处理效果（即满足排放标准要求）。

为了解释 BOD_5 的去除效果，研究人员使用了由阿特金森（Atkinson）创立的数学模型，该模型假定：溶解性有机物被一层薄的附着生物膜所去除。

$$-\ln[S_e/S_i] = fhk_0WZ \div Q \qquad (3-15)$$

式中　S_e——出水 BOD_5 浓度，mg/L；

　　　S_i——进水 BOD_5 浓度，mg/L；

　　　f——比例因子；

　　　h——生物膜厚度，m；

　　　k_0——最大反应速率，d^{-1}；

　　　W——湿地单元剖面宽度，m；

　　　Z——过滤深度（湿地单元长度），m；

　　　Q——体积流速，m^3/d。

表 3-9　阿克塔湿地系统 BOD_5 浓度年均值及标准偏差[17]

	1981		1982		1981—1982	
	平均值	标准偏差	平均值	标准偏差	平均值	标准偏差
进水	27.3	13.4	21.9	9.5	25.2	12.3
1①	18.7	8.7	2.8	3.8		
2	18.2	9.3	7.8	6.2		
3	18.1	7.3	5.7	4.4		
4	17.7	6.8	5.3	5.1		
5	16.1	9.1	10.7	5.4	13.9	8.2
6	13.8	8	6.4	3.8	10.7	7.6
7	18	7.7	7.9	4.7	14	8.3
8	23.9	31.3	6.2	4	16.8	25.8
9	16.7	10.5	7.1	4.5	12.8	9.8
10	17.8	11.2	7.7	5.4	13.7	10.5
11	14.3	9.6	4.4	2.8	10.4	9.1
12	13.6	8.8	4.7	3.2	10.1	8.2

① 从单元 1 开始为出水 BOD_5 浓度。

阿克塔湿地系统的调查者将 fhk_o 测定为 4.95m/d。同时，将出水 BOD_5 值与 BOD_6 负荷进行对比，并绘制二者之间的线性关系，用以确定处理氧化塘出水所需要的湿地面积。

进水 SS 浓度为 34.9mg/L，标准偏差为 18.9mg/L。虽然 SS 的平均值以及变幅要比 BOD_5 高，但出水 SS 在研究中却保持得非常平稳，且并未随进水负荷的变动而显著变化。对于所有负荷浓度，SS 去除率平均达到 85%，变幅在 83%～87% 之间。

在前两年的研究中，没有观察到任何实验单元的沼泽湿地系统的出水和进水违反阿克塔 NPDES 毒性标准的现象。工作人员对总氮（TN）去除率进行了为期六个月的监测，该期间内所有湿地处理单元的 TN 去除率平均达到 30%。氨氮去除率在过去两年的研究中，各处理单元的测定结果在 0～33% 之间变动；总磷（TP）平均去除率相当低，最高仅为 10%。

消毒研究工作在 1982 年夏季展开，意在证明湿地系统出水在低 SS 和低 pH 值条件下需要的加氯量更低。然而，研究结果发现，与氧化塘相比，由于湿地出水中含有易挥发和难挥发性的污染物质，导致湿地出水需要更多的加氯量。研究表明，挥发性物质，如硫化氢，可以由汽提方法去除，从而减少加氯量。由此进一步得出结论：在阿克塔湿地系统中，SS 并不是影响加氯量的主要原因。

第二个试验研究重点关注定期收割植物和挡板对湿地系统处理效率的影响。试验结果表明：在统计学意义上，定期收割植物导致出水中 BOD_5 浓度显著下降，而对 SS 的影响不显著。与对照单元（没有设置挡板和没有定期收割植物）相比，在湿地单元中设置挡板并没有明显起到增加或降低出水中 BOD_5 和 SS 含量水平的效果。该项关于定期收割植物和设置挡板对污染物去处效果的影响的研究结果是不确定的。

同样，也没有就收割植物和设置挡板对蚊虫繁殖的影响得出任何结论。将 1985 年的取样结果与早些年的情况进行对照后发现，蚊子数量在下降，总体上，试验的人工湿地系统与邻近的自然湿地沼泽产生的蚊子数量相当。

试验的人工湿地系去除了接近 90% 的总大肠杆菌和大于 95% 的粪便大肠杆菌。这是基于 35 种细菌的抽样测试结果，而且并没有发现进、出水中细菌组成上的显著差别。

3.8.1.4　设计要素

阿克塔最终处理系统的设计主要受已存在的设备以及第一个试验研究结果的影响。设计决定采用早已存在的人工沼泽湿地和野生动物庇护所作为最后的深度沼泽湿地处理系统，并将现有的部分氧化塘变为中间沼泽湿地处理系统。整个污水处理系统流程详见图 3-12。

中间沼泽湿地系统的主要作用是在氯化和脱氯处理前去除水体中的 SS。中间沼泽湿地处理系统的表面积设计基于一个短期的试验研究，该研究旨在确定能达到 SS 去除率要求下的最大水力负荷。虽然该短期研究并未能确定最大的水力负荷，但系统所采用的最大水力负荷，即 $12000m^3/(ha \cdot d)$，也能使得出水 SS 达到可以接受的水平。全规模的中间沼泽人工湿地系统面积为 16.2ha，设计平均水力负荷为 $5400m^3/(ha \cdot d)$，最

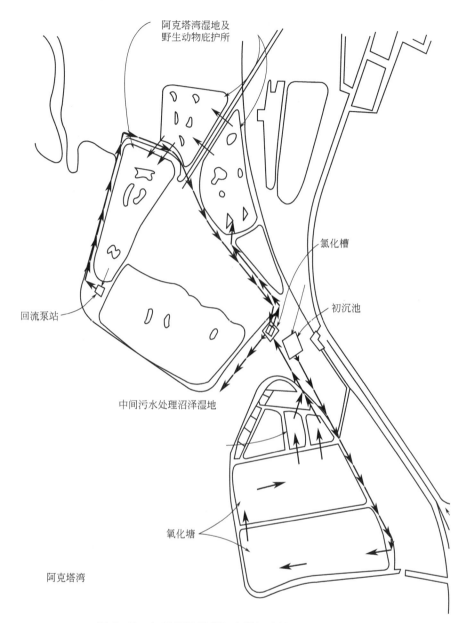

图 3-12　加利福尼亚州阿克塔污水处理系统的流程图

大水力负荷为 $14000m^3/(ha \cdot d)$。

中间沼泽湿地处理系统设计成数个 15m 长的开阔水面，延展在湿地处理单元中（见图 3-13），设计开阔水面的主要目的是为鱼（以控制蚊子数量）和野生动物提供栖息场所。另一个控蚊措施是在沼泽湿地中种植硬秆蔗草，这种植物可以让鱼类更容易地通过植被生长区。中间沼泽湿地预计可以去除水中的常规固体物质。

预计在一年中大多数时间，中间沼泽湿地的出水水质将满足排放要求。然而，要想通过建设野生动物栖息地湿地来提升洪堡湾海域的水质，阿克塔市需要每天通过阿克塔沼泽湿地和野生动物保护区来处理的污水厂出水至少要达到 $8700m^3$。因此，需要将水力负荷率提升到为 $700m^3/(ha \cdot d)$。

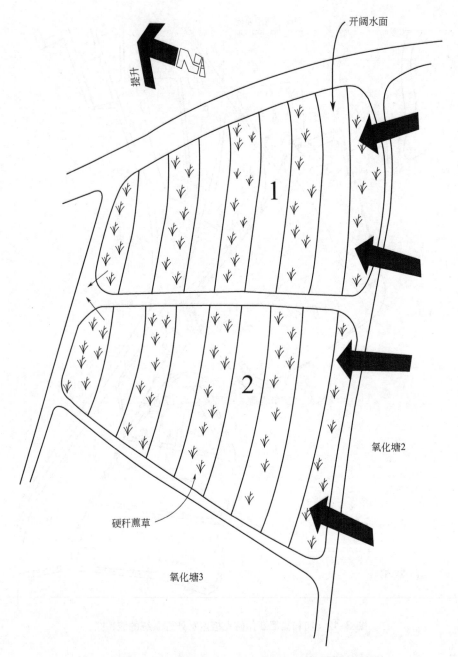

图 3-13 加利福尼亚州阿克塔中间沼泽自由表面流湿地系统

3.8.1.5 运行性能

　　中间沼泽湿地系统的植物种植分两次进行，第一次是于1986年3月种植了其中一半的面积，第二次是在1987年夏季进行了另一半的种植。目前这两个中间沼泽单元的水位定在1.1m，总进水流量均匀通过这两个单元池。一旦这两个单元池完全建立好后，其水位将降至0.6m。大约11350m³/d的出水经过氯化和脱氯工艺后，被引到阿克塔沼泽湿地和野生动物保护区进行水质再度提升。出水流量超过11350m³/d的部分经过氯化和脱氯工艺后，直接排放到洪堡湾。

中间沼泽系统要经过植被的种植和启动过程。不出所料，1986 年 3 月种植的一个单元在第一个季污水处理的表现不是很好。但经营者很有信心，坚信当另一半开始种植并投入运行时，第一个单元中的生物结构将达到成熟，其运行效果将达到设计水平。

自 1986 年 6 月开始，深度处理沼泽系统已经开始接收来自中间沼泽系统的出水。前 7 个月的运行期内进出水中的 BOD_5 与 SS 值总结于表 3-10。深度处理沼泽系统对 BOD_5 的去除效果达到预计水平，但 SS 的去除率低于预期。出水中 SS 高的主要原因是藻类，预计在出水收集点附近种植挺水植物能够有效降低 SS 浓度。

表 3-10　加利福尼亚阿克塔沼泽湿地和野生动物保护区污水处理厂运行效果

年月		进水/(mg/L)		出水/(mg/L)	
		BOD_5	SS	BOD_5	SS
1986 年	8 月	34	49	8	17
	9 月	32	52	6	13
	10 月	41	46	7	15
	11 月	46	39	21	42
	12 月	48	55	20	39
1987 年	1 月	32	32	15	35
	2 月	20	27	19	58
平均		36.1	42.9	13.7	31.3

蚊子在这两个湿地系统中都没有成为滋扰问题。这可能是因为中间沼泽湿地建造之前和之后都使用氯气对中间沼泽湿地出水进行了氯化消毒。出现过的一个问题是：棘鱼会随着深度处理沼泽湿地出水进入到氯化槽。不过这个问题已经通过在出水管前安装细纱网及在出水区种植浓密的水生植予以解决。

3.8.1.6　费用

位于阿克塔的这两个（中间和深度处理）湿地系统的建设资金完全由阿克塔市资助承担。该阿克塔市沼泽和野生动物保护区项目（深度处理湿地系统）的总费用为514600 美元（包括规划和环境研究及征地费用）。费用明细示于表 3-11。

表 3-11　加利福尼亚阿克塔沼泽湿地和野生动物保护区污水处理厂项目投资费用

项目	费用/美元
研究方案	14000
EIR、管理计划及许可证	20500
征地	76100
建设	235000
道路(小径等)	19000
为输运和回流污水而进行的污水处理厂改造费用	150000
合计	514600

3.8.1.7　监测

除了出水达标排放所规定的项目必须监测外，这两个湿地系统的进水和污水中的

BOD_5 和 SS 每周监测一次。蚊子和植被覆盖度亦进行定期测定。

3.8.2 马里兰州埃米茨堡系统

3.8.2.1 历史

1984 年,由于违反了美国国家污水排放相关法律,马里兰州埃米茨堡(Emmitsburg)市面临着下水管道暂停排放的处罚。于是该市计划兴建新的污水处理设施,但在过渡期间,需要对其现有的设施进行升级,以避免污水超标排放的处罚。该市决定利用 SFS 人工湿地系统对污水厂部分出水进行处理,该湿地系统由埃米茨堡市与萨吕公司(SaLUT Corporation)合作设计和建造。

该系统启动于 1984 年夏天,一直持续到 1986 年 3 月。在此期间,有几天系统没有接纳任何污水。由于缺水对系统的压力,最终导致所有的香蒲死亡。于是在 1986 年 10 月重新种植了香蒲。

3.8.2.2 工程描述

该埃米茨堡(SFS 湿地)系统是一个单池,长为 76.3m,宽为 9.2m、深为 0.9m,其中填充 0.6m 厚的碎石,底部铺设黏土,防止污染地下水。池底铺设穿孔管,用于进水分配和出水收集。系统正常运行时,水位约在表层砾石以下 5cm。

工作人员于 1984 年 8 月在该系统中种植了 200 棵阔叶香蒲,1985 年 7 月又另外种植了 200 棵。到 1986 年 3 月,湿地表面约有 35% 的部分覆盖着香蒲。这个项目中采用的种植密度应该至少再高一个数量级。在整个系统被植物完全覆盖之前,其水处理性能不能代表本手册对 SFS 湿地的定义水平。

埃米茨堡系统的进水是滴滤池出水。进水流量在 95m³/d 和 132m³/d 之间,对应于表面水力负荷为 1420~1870m³/(ha·d)。每周对系统出水进行采样分析,分析指标包括 BOD_5、SS、总溶解固体量、DO 和 pH 值。

3.8.2.3 运行性能

湿地系统进水的 BOD_5 浓度在 10~180mg/L 之间,而 SS 含量通常为 10~60mg/L。系统两年的运行结果见表 3-12、图 3-14 和图 3-15。从图 3-14 和图 3-15 可以看出,湿地系统的水处理表现一直非常好,即使在植物覆盖度有限时也是如此。系统偶尔会出现臭味,但是臭味发生的频率明显随香蒲覆盖范围的增加而减少。

表 3-12 埃米茨堡 MD 潜流湿地的运行效果 [19]

季节	平均流量 /(m³/d)	BOD_5/(mg/L)		SS/(mg/L)		出水 DO /(mg/L)	出水臭味	香蒲覆盖度 /%
		进水	出水	进水	出水			
1984 年秋	117	29	12	25	7	1	强烈	<5
1985 年冬	111	68	29	37	9	0.3	可察觉	<10
1985 年春	130	117	38	37	13	0	偶尔	<20
1986 年夏	100	87	11	28	10	1.3	没有	<25
1986 年秋	97	28	7	29	7	2.1	偶尔	<30
1988 年冬	106	40	11	25	4			<35

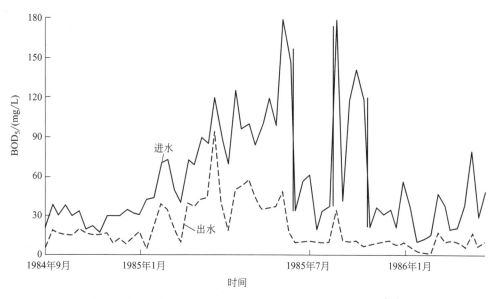

图 3-14　MD 埃米茨堡表面流湿地 BOD₅ 去除性能数据[19]

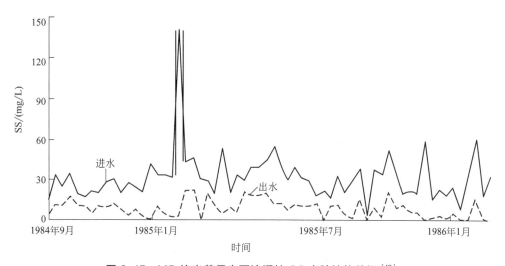

图 3-15　MD 埃米茨堡表面流湿地 SS 去除性能数据[19]

3.8.2.4　费用

该埃米茨堡系统由萨吕公司设计，建造则是由埃米茨堡市工务署负责。埃米茨堡系统的工程设计及建设费用低于 35000 美元。

3.8.3　加利福尼亚州居斯蒂娜系统

3.8.3.1　历史

加利福尼亚州居斯蒂娜，是一个圣华金河谷西侧的小型农业城镇。城市污水厂处理水量约 4500m³/d，其中约有 1/3 来自生活和商业废水，而其余 2/3 则来源于三个奶制品企业。污水厂的污水中污染物浓度很高，BOD₅ 超过 1200mg/L，可以反映出其中工业污水的比重。

该城市的污水处理厂中有 14 个序批式运行的氧化塘，总面积大约 21.8ha，有效停留时间约 70d。污水处理后不经过消毒，排放至附近的小溪，最后汇入圣华金河。

同美国境内的其他氧化塘系统一样，加利福尼亚州居斯蒂娜市的氧化塘系统出水难以持续地达到二级处理出水标准，系统出水中的 SS 一般超过 30mg/L，BOD_5 则周期性地超过 30mg/L。

加利福尼亚州居斯蒂娜市申请到了联邦资助，进行污水处理设施改造。备选方案包括以下几种：

（1）污水经氧化塘处理后用于土壤灌溉。

（2）氧化塘处理后的出水，回用于当地的鸭场，季节性地补水，以吸引迁徙的水禽。

（3）氧化塘处理后的出水在经过深度净化（砂滤、微滤或浸没式岩石过滤），达到二级处理标准后排放至河流。

（4）采用传统活性污泥法处理，以达到排放至河流所要求的二级处理标准。

（5）氧化塘预处理后的出水，进入到人工沼泽湿地（使用挺水植物）进行深度处理，以达到河流排放所允许的二级处理标准。

对这几种方案比较后发现，氧化塘/人工沼泽湿地的方案是最廉价高效的解决方案。该方案的优势是周边正好有生长着水生植物的低洼地区可以利用，同时该方案能耗低。

3.8.3.2　设计目标

居斯蒂娜项目的主要目标是提高污水处理厂出水水质，BOD_5 和 SS 浓度（30d 平均值）达到 30mg/L。其次，要解决灭蚊问题，利用水生植物处理系统的最大缺点是容易滋生蚊子。在湿地系统设计中要考虑蚊虫控制。

3.8.3.3　试验结果

（1）试验介绍。为进行工程规模的湿地设计，先设计了一个 0.4ha 的香蒲沼泽湿地进行了为期一年的试验。试验湿地宽为 15m、长为 270m，其上有生长良好的香蒲。

在沼泽湿地四周筑有土质护堤。在湿地进水端，污水通过塑料管引入，并通过 9 条带阀出水管路的配水系统均匀配水。出水位置设在湿地地势较低的一端，收集的出水与正常的污水厂排水同时排放。

尚不清楚沼泽底部的坡度情况。填料深度介于 0.15～0.3m，但实际平均深度尚不能确定。

（2）试验设计。试验时调整的两个参数是进水和停留时间。湿地水深保持不变，流速随停留时间的变化而变化。流量介于 136～380m³/d 之间，对应实际停留时间为 1.3～3.8d，水力表观负荷为 340～1000m³/(ha·d)。

进水源的选择是基于这样一个假设，即沼泽湿地的藻类最终会通过湿地作用，在最后出水中以 SS 的形式被检测出来。那么就有一个表观现象上的变化：第一个池塘没有显著的藻类生长，而在系列中排列靠后（后半段）的池塘中则会观察到藻类生长。研究人员认为在前面几个单元中，限制藻类生长的主要因素是由于高浊度和浮渣导致太阳光线在水面下的穿透率较低。在居斯蒂娜系统中，运行的 14 个氧化塘中 5 个交替作为湿地进水源，目测作为更换进水源的主要依据方法。选择最下游藻类生长不显著的池塘出水作为湿地进水源水，以避免在沼泽湿地进水中藻类浓度过高。

湿地进出水的 BOD_5、SS、pH 和温度每周进行两次检测。此外，还进行了两次染色示踪试验来确定湿地水力停留时间。同时进行了污水中总大肠菌群的常规测量，未进行详细的细菌试验。在试验研究的后期，还设立了 11 个采样站，监测蚊子幼虫的生长情况。

（3）试验结果。在两个半月的"启动和驯化"期间，湿地进水和出水中的 BOD_5 和 SS 浓度都很高，分别超过了 400mg/L 和 250mg/L。进水 BOD_5 高的原因可能是由于预处理程度不够。为了降低进水中的 SS 和 BOD_5 的含量，进水池从第八个池塘移到更远的第十个。在沼泽系统的初始停留时间为 2.1d。

1982 年 12 月到 1983 年 10 月间的进出水 BOD_5 和 SS 水平详见图 3-16 和图 3-17。每个时间段内作为进水源的池塘编号和沼泽湿地停留时间显示在图的上方。在 1983 年 5～10 月，出水中的 BOD_5 和 SS 普遍低于 30mg/L。在试验的后半期（夏秋季），BOD_5 的去除效果特别好，去除率平均达到了 74%。在 7 月底和 8 月初，出水 BOD_5 升高，对应的出水中 SS 也升高，这些现象可能是由于大量的水分因蒸发而散失的结果（计算表明夏季的蒸发量可达系统进水的 45%）。系统启动之后 SS 的去除率特别好，在 4～6 月份平均为 80%，而 7～8 月上升到了 89%。

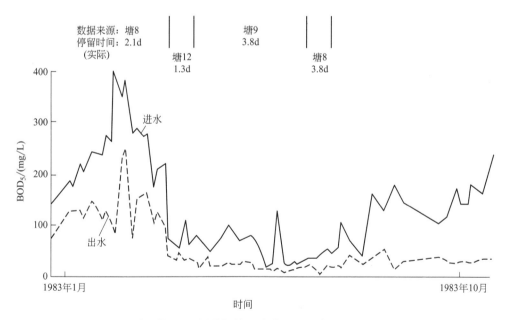

图 3-16　加利福尼亚州居斯蒂娜试验沼泽系统的 BOD_5 去除效果

有人怀疑，N 的需氧量会影响 BOD_5 的测定结果。在研究结束时，进行了一项评估（见表 3-13），发现因硝化而增加的 BOD_5 测量值（读数）多达 16mg/L。这种额外的需氧量往往决定了系统出水满足或是超过 30mg/L 的差异。

由于试验采用的停留时间较短，停留时间对去除率的影响难以确定。去除率与停留时间的关系示于表 3-14。由于数据收集是在一年中不同时间和不同负荷率的条件下进

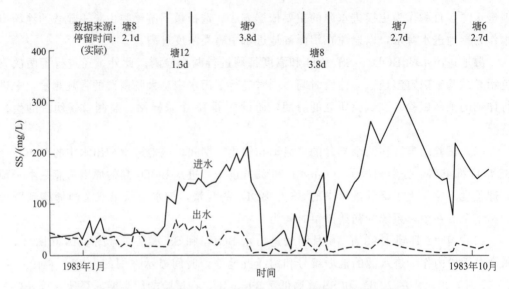

图 3-17 加利福尼亚州居斯蒂娜试验沼泽系统的 SS 去除效果

行的，难以得出直接的结论。一般来说，在温暖气候条件下，停留时间应该至少为 2.7～3.8d。细菌试验的结果通常是出水大于 2400MPN/l00mL。于是普遍认为有必要对系统出水进行消毒处理。

从 1983 年 6 月 10 日到 10 月 20 日，默塞德县灭蚊局对沼泽湿地的蚊子幼虫进行了取样分析。在 11 个取样点上，每个点的蚊子幼虫数目平均为每滴水含 3.0～7.8 个，而且发现库蚊和跗库蚊幼虫大约各占一半。根据经验和灭蚊局的数据，最后认为该类型沼泽湿地可能是蚊子滋生的来源，必须采取相应的控蚊措施。

表 3-13 加利福尼亚居斯蒂娜系统在测定 BOD5 时的硝化组分测定

检测日期	采样点[1]	水温/℃	标准值	BOD5(投加硝化抑制剂)/(mg/L)	差值
1983 年 10 月 13 日[2]	进水	19	251	244	7
	1+00		93	81	12
	2+00		50	48	2
	3+00		48	39	9
	4+00		21	11	10
	5+00		22	20	2
	6+00		13	10	3
	7+00		22	19	3
	8+00		14	7	7
	出水		30	25	5
1983 年 10 月 6 日[3]	出水	20	33	17	16
1983 年 11 月 3 日[3]	出水		20	14	6

① 站点设立从沼泽单元出水端开始算，相邻站点间距 30.5m。
② 测试由加利福尼亚州大学戴维斯分校环境工程实验室完成。
③ 测试实验室由加利福尼亚州莫德斯托水实验室完成。

表 3-14　加利福尼亚居斯蒂娜系统 BOD$_5$ 和 SS 去除率与停留时间的关系 [20]

实际停留时间/d	去除率[①]/%		时间段
	BOD$_5$	SS	
1.3	49	61	3 月 10 日—4 月 4 日
2.1	48	28	12 月 23 日—次年 3 月 9 日
2.7	74	89	7 月 7 日—10 月 13 日
3.8	68	80	4 月 12 日—7 月 6 日

① 基于一段时期内进、出水中的平均浓度计算得出去除效率。

3.8.3.4　设计因素

根据美国加利福尼亚州大学戴维斯分校的研究[21]，冬季低气温决定着系统规模的大小。这是因为冬季气温低，生物活性随之降低，由此导致去除 BOD$_5$ 时需要更长的停留时间。

预计最低水温将出现在 1 月或 2 月，约为 5℃。在这个温度和 BOD 负荷率为 112kg/(ha·d) 的条件下，采用加利福尼亚州大学戴维斯分校的研究数据，约 11d 的最长停留时间是必需的。

设计流量为 3785m³/d，水深为 0.45m 时，需要面积约 9.3ha 的沼泽湿地，相应的水力负荷为 407m³/(ha·d)。而在最热的夏季，停留时间大概可以缩短到 4d。

控制不同停留时间的主要方法是控制水深。系统具备调节水深，及完全排干水的能力有利于进行植物收割和其他维修活动。这种运行上的灵活性是设计的关键因素之一。

将冬季休眠的沼泽植物进行燃烧有利于保持系统栓塞流流态和蚊虫控制，从而提升系统处理效果。考虑到易于靠近操作的原因，单个池宽限制在 12～15m。用于分隔单元池的堤坝，也必须能够通行服务的车辆。

放养食蚊鱼是灭蚊的主要方法。高污染负荷会由于生物活性增加而导致溶解氧（DO）含量降低，而低的溶解氧含量会抑制鱼类的活动，因此，污染负荷应该控制在 112～168kg/(ha·d)。且需要对进水进行均匀分配，以避免形成有机负荷"集中区"。护堤的斜坡应该陡峭，同时应该对植被进行管理，以使鱼能在整个系统中游动。底部也应设成斜坡，以方便迅速排水（比如在需要中断蚊子繁殖周期的时候）。

上述用于系统开发设计标准的因素示于表 3-15。

表 3-15　加利福尼亚居斯蒂娜湿地设计标准 [22]

项目		值
出水标准/(mg/L)	BOD$_5$	30
	SS	30
设计流量/(m³/d)		3785
面积/ha		9.7
表面水力负荷/[m³/(ha·d)]		380
深度/m		0.1～0.45

续表

项目	值
停留时间/d	4～11
进口	渠道顶端及 1/3 处
出口	可调堰

3.8.3.5 处理系统的运行性能描述

　　建成的湿地处理系统如图 3-18 所示。污水预处理是由顺序排列的多达 11 个氧化塘完成的。塘后面是 24 个沼泽湿地单元池，每池约 0.4ha，并联运行。操作者可以从最后 7 个氧化塘中的任意一个塘引水。这种操作方法可以让运营者控制 28～54d 停留时间，并调整预处理程度，从而避免在夏季时引入后面池塘中的高藻水。池塘出水在分配结构内被分为 6 部分，每部分的流量定向流到一组沼泽湿地单元池（一组四个单元池）中。24 个湿地单元池，每个宽为 11.6m，长为 337m，可调节水深为 10～45cm。单元池之间建有 3m 宽的堤坝。进水点分两处，一处在单元池的顶端，一处在顶端以下 1/3 处，进水在这两个进水点进行全池宽的均匀布水。最初的流量分配是单元池顶端为 67%、1/3 处为 33%，这就避免了单元池前端超负荷。也可以采用相反的流量分配方式（单元池顶端为 33%、1/3 处为 67%），采用这种方式时，可以用前面 1/3 段的进水对后面 2/3 段的进水进行稀释。每个单元池中，出水采用调节堰控制单元池水深。单元池出水消毒之后进行排放。通过控制运行的单元池数量及单元池运行水深，可以调节水力停留时间。该系统为运营者调整停留时间提供了很大的灵活性（从夏季的 4d 到冬季的 11d）。

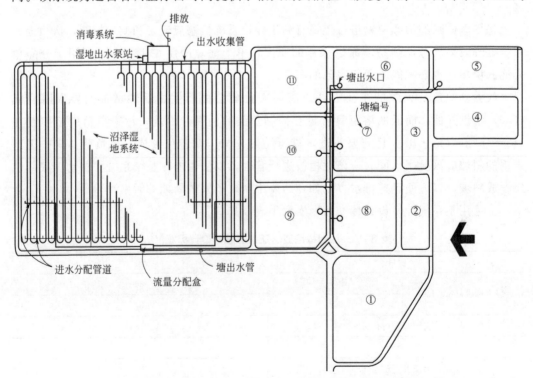

图 3-18　加利福尼亚居斯蒂娜沼泽湿地处理系统流程示意图

这种运行上的灵活性可以允许每年夏季顺序停用部分单元池，以进行植被管理和其他维护。每次可以停用多达 12 个单元池。开始设定的运行方案中列出了每个月运行的单元池编号和相应的水力停留时间，该程序示于表 3-16。

表 3-16　加利福尼亚居斯蒂娜沼泽系统的起初运行方式[23]

月份	运行单元数目	水力停留时间/d
一月	24	11
二月	24	11
三月	20	10
四月	16	8
五月	16	6
六月	12	5
七月	12	4
八月	12	4
九月	16	6
十月	20	8
十一月	24	10
十二月	24	11

1986 年 9 月，在 6 个沼泽单元池中种植了本土植物硬秆蔍草的根茎，另外 6 个单元池中种植了本土植物香蒲根茎。指定的最低种植密度为：蔍草根茎 11 个/m²，香蒲根茎 5 个/m²，实际种植密度高于指定值。种植时使用撒肥机播种，然后用圆耙将根茎埋入土里。承包商负责确保根茎发芽并长成健康的作物。然而，1986 年承包商播种时所期望的（利于根茎发芽的）冬季降雨量很少，导致播种的根茎没有发芽。

1987 年 6 月重新种植沼泽湿地植物。蔍草和香蒲根茎均购自密歇根州苗圃，并使用番茄种植机进行种植。

工作人员考虑了几种植被管理方法，包括机械收割和燃烧。大多数管理技术都需要将单元池停用并使其晾干。选择机械收割时，应修建一个深入到每个单元内部的坡道，以利于收割设备进入操作。

6 个单元池中种植了蔍草，蔍草的密度一般比香蒲低，这样有利于食蚊鱼有更大的活动范围。如果要使蔍草单元池的处理效果和香蒲单元池相同，可能得考虑在蔍草单元池中重新补种植被。

3.8.3.6　费用

居斯蒂娜改善处理项目的标书收于 1985 年 8 月。该项目中湿地部分费用提取自标书中的一块，并示于表 3-17。

居斯蒂娜项目的土地属于市政府所有。整个湿地系统净面积约 14.5ha，包括所有的内部分隔堤坝和外部防洪堤，种植植物部分占地 9.7ha。

表 3-17 加利福尼亚居斯蒂娜沼泽系统的投资成本 [23]

项目	成本（1985 年 8 月）/美元
出水管道①	192000
土方②	200000
配水结构工程③	16000
湿地中的配水管④	205000
湿地单元中的水位控制装置⑤	27000
出水收集管网⑥	83000
植物种植⑦	69000
路面铺设⑧	90000
合计	882000

① 包括：直径 53cm 的 PVC 管 790m、5 个检查孔和 7 个附带木制栈道平台的出水控制管。

② 全部土方面积约为 334000m³，费用包括：场地清理和挖掘，在浅水中工作的雇工费用，修建 2m 高的堤坝（用以封闭湿地区域及抵御百年一遇的洪水）。

③ 含 V 形堰的混凝土结构、格栅、步道阶梯和扶手。

④ 直径 20cm 的 PVC 污水管 850m，直径 20cm 的带闸门的铝管 760m；带闸门的铝管在一个点长的三分之一处安装，并以混凝土基础板和木结构为支撑。

⑤ 每个池子中的带堰板标识的小型混凝土结构，和 60mm 规格的不锈钢格栅。

⑥ 直径 10～38cm 的 PVC 重力污水管 460m，并附有检查孔。

⑦ 将芦苇和香蒲根茎分别以 45cm 和 90cm 的间距机械播种；芦苇面积约 2.4ha，香蒲为 7.2ha。

⑧ 湿地外堤坝及湿地内部分堤堰的碎石路面铺设。

3.8.4 法比尤斯选煤场湿地

3.8.4.1 历史

法比尤斯选煤场位于亚拉巴马州杰克逊县，田纳西峡谷管理局（TVA）于 1971 年至 1979 年间在这里加工煤炭。1979 年，煤场被关闭；1984 年开始场地修复工作。修复工程的主要对象之一就是 2 个煤渣（煤泥）处置池（煤泥湖 1 和煤泥湖 2），这 2 个池子水面面积和约 17ha（见图 3-19）。煤渣（煤泥）处置池中的水处理后外排。但是，从蓄水池坝脚渗滤出的水并没有得到净化处理。渗滤液流量约为 45～150m³/d，其中含有高浓度的铁和锰。该渗滤液水中 DO 低于 2.0mg/L，SS 超过 98mg/L，pH 均值为 6.0。

1985 年 4 月，开始沼泽湿地系统处理煤渣池中的水及大坝渗滤出水的试验。

3.8.4.2 工程概况

1985 年 6 月，在渗滤水出流方向上，清除了 1.2ha 的林地，建设了 4 个含溢洪道的堤坝，并在堤防区内移植了一些湿地植物物种，从而建设了 4 块湿地（见图 3-20）。从附近的酸性渗滤液影响区域内选择藨草、灯心草、莎荠、香蒲和木贼等湿地植物进行移植。

湿地水面面积共约 0.6ha，水的深度不一，较大池塘的水深约 0～1.5m。按照 45～

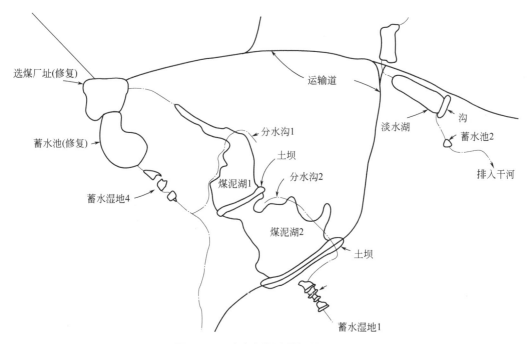

图 3-19　法比尤斯选煤场址平面图

150m³/d 的渗滤出水量计算，湿地表观水力负荷为 75～250m³（ha·d）。堤防建设完成后，工作人员发现还有其他渗出水进入湿地。池塘 3 出现一大一小 2 处渗水，池塘 4 出现 2 处较小的渗水。这 4 个大的湿地单元中均放养着食蚊鱼和胖头鱼。

从 1985 年 7 月开始，在湿地系统的 2 处主要进水处、最终出水位置以及湿地中的 4 个点位进行水质采样分析。采样频率为每 2 周一次，分析指标包括 pH 值、氧化还原电位、溶解氧（DO）、总铁、总锰、SS。

工作人员在 1985 年 12 月进行了一个试验，以确定该湿地系统除了能够处理渗滤水外，还具有处理煤泥处置池上清液的能力。

在为期 4 周的时间内，煤泥处置池的上清液以 110～220m³/d 的流量进入湿地系统，而此后的采样分析表明湿地出水水质开始下降，并低于出水设计标准；2 周后试验停止。5 月，重新启动处理煤泥塘上清液的试验，但采用的流量远低于以前（5.4m³/d）。

3.8.4.3　运行情况

该湿地系统在为期 12 个月的处理渗滤液和煤泥池上清液的实验期间，系统进水、塘 1 出水以及最终出水的水质变化范围和平均值总结于表 3-18。计算平均值时，以较大流量处理煤泥池上清液的 4 周数据也包含在内。湿地系统只处理渗滤液时的出水水质总是好于既处理渗滤液又处理煤泥池上清液时的出水水质。相较于其他处理方法（如化学处理法），湿地系统不仅操作和维护比较简单，出水水质也更稳定。

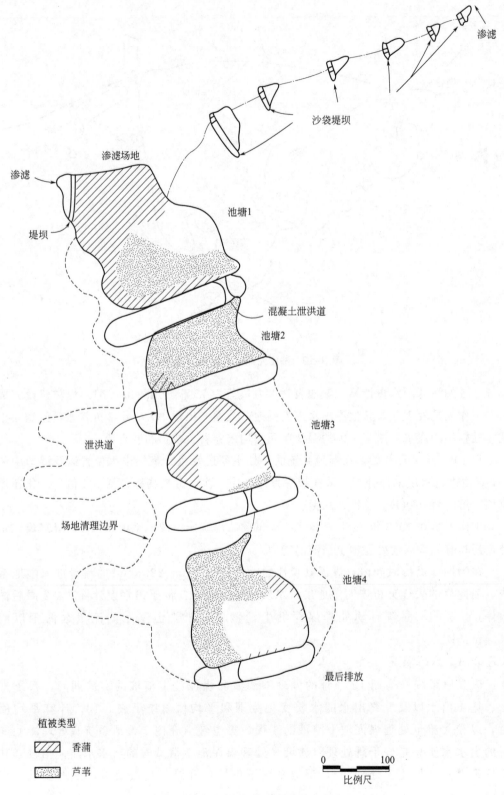

渗滤

沙袋堤坝

渗滤场地

渗滤

堤坝

池塘1

混凝土泄洪道

池塘2

泄洪道

池塘3

场地清理边界

池塘4

最后排放

植被类型

香蒲

芦苇

0　　　　　100

比例尺

图 3-20　法比尤斯选煤场蓄水湿地

表 3-18　法比尤斯选煤场湿地系统运行性能[24]

时间/ (月/年)	塘 4 出水 流量/ (m³/d)	pH			DO/(mg/L)			Fe/(mg/L)			Mn/(mg/L)			SS/(mg/L)		
		进水	出水 1	出水 4	进水	出水 1	出水 4	进水	出水 1	出水 4	进水	出水 1	出水 4	进水	出水 1	出水 4
1985 年 7—9 月	52.3	6.0	6.4	6.6	0	6.2		80	2.6	0.64	8.7	1.4	0.43	95	8.9	2.2
1985 年 10—12 月	53.4	6.0		6.5	0		7.2	97		0.79	9.9		0.48	74		4.0
1986 年 1—3 月	91.6		6.5	6.5		10.9	11.2		9.3	0.94		11.2	5.9		33	2.8
1986 年 4—6 月	62.7		6.1	6.3		10.9	7.4		3.5	0.71		3.1	2.1		19.3	4.7
1986 年 7—9 月	26.7	4.7	6.4	7.0		5.3	7.3	59	14.7	0.70	18	2.6	1.1	155	46.7	3.0
1986 年 10—12 月	107.4	6.3	6.4	6.6		8.2	9.7	40	4.3	0.63	8.6	6.2	1.6	48	18.3	2.0

3.8.4.4　费用

法比尤斯湿地系统建设由田纳西峡谷管理局完成，人工和基建成本大约为 28000 美元。

3.8.5　小结

虽然本章介绍的这 4 个湿地案例只涵盖了人工湿地可能应用范围的一小部分，但它们代表着 4 种人工湿地污水处理系统不同的应用途径。由于应用途径的不同，这 4 个湿地系统难以相互比较，它们的设计和运行特点及成本情况汇总于表 3-19。

表 3-19　人工湿地案例研究小结

类别	阿克塔系统	埃米茨堡系统	居斯蒂娜系统	法比尤斯选煤场湿地系统
水生植物	硬秆藨草、香蒲	香蒲	香蒲、硬秆藨草	藨草、香蒲、灯心草、荸荠
系统类型	自由表面流	潜流	自由表面流	自由表面流
进水	氧化塘出水	滴滤池污水	氧化塘出水	煤泥池渗滤液
特殊设计特征	湿地系统、野生动物庇护所		多水源进水、分级进水	
设计流量/(m³/d)	11150	130	3785	227
湿地面积/ha	12.6	0.07	9.3	0.6
进/出水 BOD₅/(mg/L)	36.1/13.7	61.5/18.0	约 150/24①	
进/出水 SS/(mg/L)	42.9/31.3	30.2/8.3	约 140/19①	
表观水力负荷/[m³/(ha·d)]	907	1540	412	374
投资成本/[美元/(m³·d)]	45	264②	232	
投资成本/(美元/ha)	41000	495000②	94000	

① 中试结果。

② 成本并非全面的系统成本。

人工湿地系统作为一种污水处理方法具有许多潜在的优势，包括操作和维护简单，不同环境条件下运行稳定，建设和运营成本低廉；尤其是自由表面流湿地系统还能提供野生动物栖息地。自由表面流湿地系统存在的潜在问题主要是蚊子滋生。无论是自由表面流湿地还是潜流湿地系统，运行之初都需要一个稳定时间，用以使目标水生植物完全生长。

3.9　参考文献

［1］Reed S C，Middlebrooks E J，Crites R W. Natural Systems for Waste Management and Treatment. 1987.

［2］Hyde H C，Ross R S. Technology Assessment of Wetlands for Municipal Wastewater Treatment. 1984.

［3］Miller I W G，Black S. Design and Use of Artificial Wetlands. 1985：26-37.

［4］Zirschky J. Basic Design Rational for Artificial Wetlands. 1986.

［5］Environmental Protection Agency，Center for Environmental Research Information. Process design manual for land treatment of municipal wastewater. 1981.

［6］Bavor H J，Roser D J，McKersie S. Nutrient Removal Using Shallow Lagoon-Solid Matrix Macrophyte Systems. Aquatic Plants for Water Treatment and Resource Recovery，1987.

［7］Gearheart R A，Finney B A. Utilization of Wetlands for Reliable Low-Cost Wastewater Treatment-A Pilot Project. Paper Presented to IV World Congress on Water Resources，1982.

［8］Stowell R，Tchobanoglous G，Colt J，et al. The Use of Aquatic Plants and Animals for the Treatment of Wastewater. Departments of Civil Engineering and Land，Air，and Water Resources，University of California，Davis，1979：639-645.

［9］Tchobanoglous G，Culp G. Aquaculture Systems for Wastewater Treatment：An Engineering Assessment，U. S. Environmental Protection Agency，Office of Water Program Operations，1980：13-42 .

［10］Knight R L. Wetlands - A Natural Land Treatment Alternative. Proceedings of the Conference：Reuse and the Protection of Florida's Waters，1984.

［11］Gersberg R M，Elkins B V，Goldman C R. Nitrogen Removal in Artificial Wetlands. Water Res.，1983，17：1009-1014.

［12］Gersberg R M，Lyon S R，Elkins B V，et al. The Removal of Heavy Metals by Artificial Wetlands//Proceedings of the Water Reuse Symposium Ⅲ，1985.

［13］Hantzsche N N. Wetland Systems for Wastewater Treatment：Engineering Applications. Ecological Considerations in Wetland Treatment of Municipal Wastewaters，1985：7-25.

［14］Wolverton B C. Artificial Marshes for Wastewater Treatment. Aquatic Plants for Water Treatment and Resource Recovery，1987.

［15］Stephenson M，et. al. The Use and Potential of Aquatic Species for Wastewater Treatment．Appendix A. The Environmental Requirements of Aquatic Plants. Sacramento：SWRCB Publication，1980.

［16］California State Water Resources Control Board，CRWQCB. North Coast Region，Water Quality Control Plan，Klamath River Basin l-A，1975.

[17] Gearheart R，et al. Final Report，City of Arcata Marsh Pilot Project，Volume 1，EffluentQuality Results - System Design and Management，1983.

[18] Gearheart R，et al. Final Report，City of Arcata Marsh Pilot Project，Wetland Bacteria Speciation and Harvesting Effects on Effluent Quality，1986.

[19] Thiesen A，Martin C D. Municipal Wastewater Purification in a Vegetative Filter Bed in Emmitsburg，Maryland. Aquatic Plants for Water Treatment and Resource Recovery，1987：295- 298.

[20] Nolte and Associates. Marsh System Pilot Study Report，City of Gustine，California，EPA Project No. C-06-2824-010，1983.

[21] Stowell R，et al. Mosquito Considerations in the Design of Wetland Systems for the Treatment of Wastewater. 1982.

[22] Crites R，Mingee T. Economics of Aquatic Wastewater Treatment Systems. Aquatic Plants for Wafer Treatment and Resource Recovery，1987.

[23] Nolte and Associates. Operation and Maintenance Manual，City of Gustine Wastewater Treatment Facility Improvements. 1986.

[24] Brodie G，et al. Treatment of Acid Drainage from Coal Facilities with Man-Made Wetlands. Aquatic Plants for Water Treatment and Resource Recovery，1987.

04

第 4 章

水生植物系统设计

4.1　背景

　　水生植物系统是运用水生植物对工业和生活污水进行净化处理的工程化设计并建设的水处理系统。它们是出于特定的废水处理目标而设计出来的，可分为以下两类：

　　(1) 浮水植物系统，如水葫芦、浮萍、金钱草；

　　(2) 沉水植物系统，如水草、狐尾藻和豆瓣菜。

　　浮水植物系统大多是水葫芦系统。在美国，水葫芦在废水处理上的应用可以追溯到得克萨斯州的工程规模实验及 20 世纪 70 年代初在密西西比州圣路易斯湾试验站由美国航天局的研究人员进行的实验室研究。水葫芦已经应用于不同水质特性及规模的废水处理工程中。

　　然而，水葫芦的应用受到一定的地域限制。由于水葫芦对冰冻低温的敏感性，该系统一般只适用于温暖地区。水葫芦系统最常用于去除氧化塘出水中的藻类，或是去除(污水处理厂) 二级出水中的营养物质。自从 1979 年 9 月在美国加利福尼亚大学戴维斯分校举行水生系统会议后，已经积累了大量的水生植物应用于污水处理方面的数据[1,2]。

　　自 1970 年以来，水生植物系统已成功地应用于多种类型的污水处理，包括二级处理、高级二级处理、三级处理。不过，文献中报道的这些水生植物系统的运行数据多是定性观察，而没有定量化。水力停留时间、水力负荷率和有机质负荷率等这些最常用的(水处理工程) 参数，应当用到对水生植物系统的评价中去。

4.1.1　水生植物处理系统特征

　　水生植物处理系统由一个或多个浅水池塘组成，在这些池塘里种植耐水的维管植物，如水葫芦或浮萍等[3]。水生植物系统与稳定塘的主要区别是：水生植物处理系统水深较浅，生长有大型水生植物；而稳定塘则水深较深，适合藻类生殖。水生植物的存在对污水处理具有非常重要的实际意义，当水力停留时间同等甚至更低时，水生植物系统出水水质往往优于稳定塘出水水质。事实就是这样的，尤其是当将水生植物处理系统置于传统的塘系统后，常常能得到比初级处理更好的效果。

　　在水生植物系统中，水质净化主要经由细菌代谢和物理沉淀完成，跟传统的滴滤系统一样。水生植物本身没有多少废水净化功能[3]，它们的作用是提供细菌生长的水生环境，提高细菌的污水处理能力和环境的稳定性[4]。

4.1.2　历史

　　关于水葫芦及包括浮萍在内的其他水生植物在水处理系统中的应用情况，已有数篇文献进行了综述[2,5~7]。中试及工程规模的实验对发展水生植物处理系统方法具有显著的意义，文献中的几个中试及工程规模的实验点和研究数据示于表 4-1。密西西比州和得克萨斯州的水生植物处理系统的进水是兼性塘出水，沃尔特迪斯尼世界系统、圣迭戈系统和赫拉克勒斯系统的进水是一级 (处理) 出水。表 4-1 中的其他水生系统则都是以二级（处理）出水作为进水的浮水植物系统。

表 4-1　水生植物水处理系统的历史应用资料（若非特别指出，均为水葫芦）

地点	规模	目标	日期	状态
佛罗里达大学，佛罗里达州 （University of Florida，FL）	实验	研究	1964—1974	完成
圣路易斯湾，密西西比州 （Bay St. Louis，MS①）	工程规模	二级处理	1976	正在进行
卢斯代尔，密西西比州 （Lucedale，MS）	工程规模	二级处理	20世纪70年代	已废弃
奥兰治格罗夫，密西西比州 （Orange Grove，MS）	工程规模	二级处理	20世纪70年代	已废弃
雪松湖（比洛克西），密西西比州 （Cedar Lake（Biloxi），MS②）	工程规模	二级处理	1979	正在进行
威廉森溪，得克萨斯州 （Williamson Creek，TX）	中试	二级处理	1975	已废弃
奥斯汀-霍恩斯，得克萨斯州 （Austin-Hornsby，TX）	中试/工程规模	二级处理	20世纪70年代	正在进行
阿拉莫-圣胡安，得克萨斯州 （Alamo-San Juan，TX）	工程规模	二级处理	20世纪70年代	已废弃
圣贝尼托，得克萨斯州 （San Benito，TX）	工程规模	二级处理	1976	正在进行
里奥本田，得克萨斯州 （Rio Hondo，TX）	工程规模	二级处理	20世纪70年代	已废弃
达莱克兰，佛罗里达州 （Lakeland，FL）	工程规模	三级处理	1977	正在进行
迪斯尼乐园，佛罗里达州 （Waft Disney World，FL）	中试	二级处理	1978	完成
珊瑚泉，佛罗里达州 （Coral Springs，FL）	工程规模	三级处理	1978	已废弃
奥兰多，佛罗里达州 （Orlando，FL）	工程规模	三级处理	1985	正在进行
加利福尼亚大学戴维斯分校，加利福尼亚州 （University of California Davis，CA）	实验	研究	1978—1983	完成
海格力斯，加利福尼亚州 （Hercules，CA）	工程规模	深度二级处理	1980—1981	已废弃
罗斯维尔，加利福尼亚州 （Roseville，CA）	中试	硝化	1981	已废弃
圣迭戈，加利福尼亚州 （San Diego，CA）	中试	深度二级处理	1981	正在进行

① 严寒导致水葫芦死亡，后来使用的是金钱草和浮萍；
② 浮萍。

自 1978 年以来，佛罗里达州的沃尔特迪斯尼世界（Walt Disney World）[8] 一直致力于集成一个综合污水处理系统的研究，包括：（1）水生植物废水处理系统，以满足联邦、州和地方标准；（2）实现最佳产量的（水生植物）生物量管理；（3）对收获的水生植物进行厌氧消化，产生甲烷，回收能量。

4.1.3 气候限制

在美国，水葫芦污水处理系统主要应用于气候温暖的南部各州。水葫芦的最佳生长水温为 21～30℃。在 −3℃ 的气温下暴露 12h 会对叶片造成损伤，在 −5℃ 的气温下暴露 48h 会彻底杀死水葫芦。若要在气候较冷的地区应用水葫芦处理系统，有必要在系统外建造和罩覆温室大棚，从而保持该系统处于最佳温度范围内[9]。基于有限的应用案例和数据分析，科研人员认为在寒冷地区尝试去使用水葫芦污水处理系统是不经济的[9]。浮萍（绿萍 Lemna spp.）比水葫芦更耐严寒，在低至 7℃ 的低温环境下都可以生长[10]。

4.2 植被

水生植物同陆生植物一样，具有相同的基本营养需求，也会受到诸多环境因子的影响。在水生植物系统中，水生植物的存在改变了系统的物理环境[11]，从而实现了水质的净化。水葫芦根系可以作为附着微生物的生长基质，而这些附着微生物起到了相当程度的水质净化功能[11]。

4.2.1 浮水植物

浮水植物的光合作用部分一般正好处于水面或是比水面略高一些，根部则向水下伸展。在进行光合作用时，浮水植物利用大气中的氧气和二氧化碳，营养元素则通过根系从下层水体中获取。这些根系是很好的介质，不仅可以对悬浮物进行过滤/吸附，又可以供细菌和微生物在其上附着生长。根系发展受到水体的养分供应和植物自身生长需求的影响。因此，在实际应用时，水处理介质（即植物根系）的密度和伸展深度会受到污水水质/预处理程度，以及影响植物生长的一些其他因素（如温度和收割等）的影响。

由于浮水植物的存在，太阳光的入水穿透性降低，水和大气之间的气体传输受到抑制。因此，浮水植物通常会使得水面无藻类生长，并使得水体厌氧或是近乎厌氧，这主要取决于系统的设计参数，如 BOD_5 的负荷率、水力停留时间、选定的浮水植物种类和覆盖程度等[4]。有一个现象是，部分由光合组织产生的分子氧被输运到根部，由此可能使得根区微生物进行有氧代谢，但根系周围的水依然处于厌氧/缺氧状态[4]。

4.2.1.1 水葫芦

水葫芦（亦称凤眼莲，Eichhornia crassipes）是一种多年生的淡水水生维管束植物，拥有圆形、直立、闪亮的绿色叶片，花呈淡紫色[11]（见图 4-1）。这种植物的叶柄部呈海绵状，具有许多气囊，可为植物体提供浮力。水葫芦在废水中生长时，单株高度（从顶部的花瓣到下部的根尖）介于 0.5～1.2m[11]。水葫芦在水面上横向扩散，直至水面完全被其覆盖，然后开始垂直生长。水葫芦是生产力很强的光合作用植物。在水流滞缓的水道中，其快速增殖已经成为一个严重的水环境问题。然而，当水葫芦应用于废水处理系统时，这些相同的属性则成为一种优势。

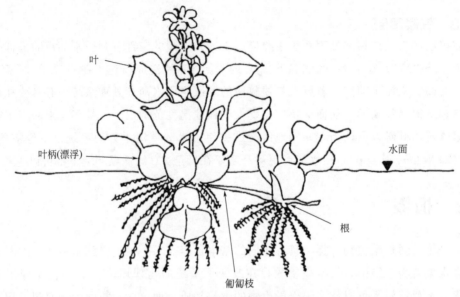

图 4-1　水葫芦植物形态[11]

在美国，水葫芦广泛分布于亚拉巴马州、加利福尼亚州、佛罗里达州、密西西比州、路易斯安那州和得克萨斯州[5]。在使用昂贵的物理和化学控制措施以后，水葫芦已经通过使用水葫芦象甲和水葫芦螨而普遍降低到可控制的水平。这些生物控制剂均引自南美洲，而南美洲正是水葫芦的故乡。水葫芦螨可能是在 1884 年路易斯安那州新奥尔良市举行的棉花国家百年纪念博览会上，随最初的水葫芦一起意外引进美国的[12,13]。这些生物控制剂已经将水葫芦的数量降低到了可控水平，水葫芦已经不再被视为开放航道维护的主要问题。

水葫芦是一种快速增长的大型水生植物，在全世界生长最快的 10 种杂草名单上排名第八[5]。它主要通过无性繁殖进行增殖，但当植物母体被从水体清除后，种子也可能是再生的主要来源。水葫芦还能长成一大簇，从而具有比同一环境下生长的其他浮水植物更好的竞争优势。水葫芦的生长受到以下因素影响：太阳能利用效率，水的营养组成，培育方法以及环境因素[5]。

关于植物生长，有两种描述方式。第一种是计算一段时期内该种植物在池塘表面的百分比覆盖度。第二种方法更为常用，就是计算单位面积上该种水生植物的生物量密度。在正常情况下，松散的水葫芦可以以相对较低的植物密度（10kg/m²，湿重）覆盖整个水面。在停止生长之前其最大密度（湿重）可以达到 50kg/m²[5]。

同其他生物过程一样，水葫芦的生长依赖于温度。在评估水葫芦的生长活性时，气温和水温这两项指标都很重要。据报道，水葫芦暴露在 0.5～−5℃的气温下时可以存活 24h，在−6～−7℃时则会死亡，而且不能在冬季平均气温低于 1℃的地区生存[14]。

水葫芦在 20～30℃时的生长速度很快，而在 8～15℃时几乎停止生长[14]。

水葫芦系统可以解决氧化塘藻类过度生长的问题。在一些农村地区，夏季使用水葫芦是一种可行的解决排水中由于藻类过度繁殖而引起的 SS 超标的技术方案。

4.2.1.2　金钱草

金钱草不可以自由浮动，它倾向于相互交织，且在水平方向上蔓延生长，并在达到高密度时再垂直生长。与水葫芦不同的是，金钱草的光合作用叶片面积小，而且在高度密集时，生产量会因自身光蔽效应而显著下降[15]。在美国佛罗里达州中部地区，金钱草的平均生长速度可超过 10g/（m·d）[15]。虽然水葫芦在冬季时对氮、磷的吸收速率急剧降低，但金钱草对营养元素的吸收速率却在冷、热季节大致相同。因此，在冬季，金钱草比水葫芦具有更好的氮、磷吸收能力[16]。

虽然金钱草的年度生物量产量低于水葫芦，但它作为一种冷季型植物可以在冬季提供更好的水处理效果，因此可以将它与水葫芦/水浮莲结合，组成复合水生植物处理系统[15]。

4.2.1.3　浮萍

浮萍是一种小型绿色淡水植物，叶状复叶，只有几毫米宽。绿萍和紫萍的根部很短，通常不超过 10mm。浮萍，如绿萍属和紫萍属，以及芜萍属都已经被试验用于去除污染物或应用于污水处理系统[11]。

浮萍为最小和最简单的开花植物，并且具有最快的繁殖速度。植物体中的一个小细胞可以分裂并产生一个新的植物体；单个植物体在它生命周期内能够分裂产生 10～20 个新的植物体[9]。生长在 27℃废水中的浮萍数量每四天能增加一倍，覆盖水面面积也相应翻倍。浮萍的生长速度比水葫芦快 30%。这种植物基本上是由代谢活跃的细胞单元组成，结构型纤维很少。

表 4-2 对数个浮萍系统的运行情况进行了总结。浮萍系统是依照兼性塘的传统设计方法进行开发的。与传统的兼性塘相比，浮萍系统拥有更高的 BOD_5、SS 和 TN 去除效率[11]。浮萍系统出水有可能厌氧，因此可能有必要对其进行曝气。浮萍系统优于其他类似的兼性塘单元的地方是其出水中藻类浓度较低。这是因为浮萍在水体表面的密集覆盖，遮蔽了藻类生长所需的阳光。

表 4-2　浮萍系统的性能[7]

地点	进水	BOD_5/(mg/L)		TSS/(mg/L)		水深/m	停留时间/d
		进水	出水	进水	出水		
比洛克西，密西西比州（Biloxi，MS）	兼性塘出水 ①	30	15	155	12	2.4	21
柯林斯，密西西比州（Collins，MS）	兼性塘出水	33	13	36	13	0.4	7
斯利皮艾，明尼苏达州（Sleep Eye，MN）	兼性塘出水	420	18	364	34	1.5	70

续表

地点	进水	BOD$_5$/(mg/L)		TSS/(mg/L)		水深/m	停留时间/d
		进水	出水	进水	出水		
威尔顿,阿肯色州（Wilton,AR）	兼性塘出水 ②	—	6.5	—	7.4	2.7	0.7
国家空间技术实验基地,密西西比州（NSTL,MS）	包装厂出水	35.5	3.0	47.7	11.5	0.4	8

① 部分曝气。
② 仅为浮萍池的理论水力停留时间。

同水葫芦一样,浮萍植物体的含水率是 95%,其植物组织的组成成分示于表 4-3。浮萍所含的蛋白质、脂肪、氮及磷等至少是水葫芦的两倍。浮萍可以作为各种鸟类等动物的食物来源,其价值已经被若干营养研究所证实[17]。

表 4-3　生长于废水中的浮萍的组成成分分析 [11]

组成成分	干重百分比/%	
	范围	平均
天然蛋白质(crude protein)	32.7~44.7	38.7
脂肪(fat)	3.0~6.7	4.9
纤维(fiber)	7.3~13.5	9.4
灰分(ash)	12.0~20.3	15.0
糖类(carbohydrate)	—	35.0
总凯氏氮(TKN)	4.59~7.15	5.91
磷(P)	0.5~0.7	0.6

小型浮叶植物,尤其是浮萍,易受风的影响,有可能被吹到池塘的下风面。对吹积的浮萍需要靠人力进行再分散。如果不重新分散浮萍,会因为浮萍在池塘表面覆盖不完全而可能导致水处理效率下降。同时,成堆的植物体腐败还会产生臭味。

4.2.2　沉水植物

沉水植物要么在水体中悬浮生长,要么植根于底部腐泥生长。通常,它们的光合作用部分在水体中,但是某些维管束植物长得比较高,其光合部分达到或略低于水面。

沉水植物易于被藻类所遮蔽,且对厌氧环境很敏感,导致其用于初级和二级处理出水的潜力受到极大限制。沉水植物可以去除水中的氨态氮,其作用机制是:沉水植物光合作用时从水中吸收二氧化碳（这点上不同于水葫芦）,从而提高了水体的 pH 值,驱使氨态氮向气态转化并最终扩散到大气中。氨态氮是对鱼类毒性最强的一种氮形态。沉水植物的除氨机制对食蚊鱼的种群健康至关重要（这种在池塘中放养食蚊鱼以对蚊子进行控制的办法被广为提倡）。

夜间,沉水植物的呼吸作用（即消耗氧气）会与食蚊鱼争夺氧气。由于其对水环境显著的昼行性效应、易于被藻类遮蔽及对厌氧环境的敏感性,人们普遍认为该类植物不会被广泛用于水生植物净化系统,所以本手册没有对该类植物进行阐述。

4.3 水葫芦系统的工艺流程设计标准

绝大多数已建成的水生植物系统都是水葫芦系统。有机负荷在水葫芦系统设计及运行中是一个关键的因素。基于水体 DO 浓度及充氧方式的不同，水葫芦系统可以分为三种类型。

无辅助曝气的好氧水葫芦系统：无辅助曝气的好氧水葫芦系统可以起到相当于二级处理的水质净化效果，或是对水体中的营养元素（N）进行去除，这一切都依赖于系统的有机负荷率水平。此类系统是已建成的水葫芦系统中最常见的类型，其优势是基本没有蚊子或臭味。

对于不允许蚊子滋生或产生臭味的地方，需要建设带辅助曝气（设施）的好氧水葫芦系统。这种系统的另外一个优点：借助于曝气，可以提高系统的有机负荷，并且可减小占地面积。这两个系统的设计标准总结于表 4-4。

表 4-4 水葫芦系统的设计标准

因素		水葫芦系统类型		
		好氧非曝气	好氧非曝气	好氧曝气
污水进水		过滤或稳定	中级	过滤或稳定
进水 BOD_5/(mg/L)		130~180	30	130~180
BOD_5 负荷/(kg/ha·d)		40~80	10~40	150~300
出水水质预测/(mg/L)	BOD_5	<30	<10	<15
	SS	<30	<10	<15
	TN	415	<5	<15
水深/m		0.5~0.8	0.6~0.9	0.9~1.4
停留时间/d		10~36	6~18	4~8
水力负荷/[m^3/(ha·d)]		>200	<800	550~1000
收割频率		每年一次	每月两次	每月一次

水葫芦系统的第三种类型是在高有机负荷下运行，本手册称为兼/厌氧系统。其目的是实现二级处理效果，并且在高有机负荷且无附加曝气的条件下产生连续的处理效果。其缺点是易于滋生蚊子和产生异味。迪斯尼乐园早期采用的就是这种类型的系统。后来发现当有机负荷率达到 100kg/（ha·d）时，前两种类型也可以产生持续的处理效果，没有因负荷增加而产生不利影响，目前一般不再设计该类兼/厌氧系统。这三类系统的特点汇总于表 4-5。

表 4-5 水葫芦系统的类型及特点

类型	目的	典型 BOD_5 负荷/[kg/(ha·d)]	优势	劣势
有氧非曝气	二次处理	40~80	蚊子受限,气味受限	需要较多土地面积,收割更为困难(有赖于池子配置)

类型	目的	典型 BOD$_5$ 负荷/[kg/(ha·d)]	优势	劣势
有氧非曝气	营养物去除	10～40	蚊子受限,气味受限,营养物去除	需要较多土地面积,收割更为困难(有赖于池子配置)
好氧曝气	二次处理	150～300	无蚊,无异味,较高有机负荷率,减少土地面积	需要额外的收割;需要补充人力
兼氧、厌氧①	二次处理	220～400	较高有机负荷率,减少土地面积	蚊子数量增加,可能产生异味

① 仅适用于气味和蚊子要求不严的地区。

4.3.1 有机负荷率

水葫芦系统的 BOD$_5$ 负荷率范围介于 10～300kg/(ha·d)（见表4-5）。加利福尼亚迪斯尼世界的水葫芦系统的进水是污水厂一级出水,有机负荷为 55～440kg/(ha·d);除了负荷较高时,一般不产生明显的异味。没有（辅助）曝气时,整个系统的平均有机负荷一般不要超过 100kg/(ha·d)。

4.3.2 水力负荷率

水力负荷率,即日处理污水量除以植物系统的表面积,单位为 m^3/(ha·d)。当处理生活污水时[9],适用于水葫芦系统的水力负荷率从 240～3570m^3/(ha·d) 不等。为了达到二级处理目标（BOD$_5$ 和 SS 小于 30mg/L）,水力负荷率通常在 200～600m^3/(ha·d)。对于含辅助曝气的高级二级处理系统,水力负荷率高达 1000m^3/(ha·d) 时效果也很好。不过,水力负荷率大小受有机负荷率的控制。

4.3.3 水深

建议水葫芦系统的深度为 0.4～1.8m,大多数研究者推荐 0.9m[9]。对水深的考虑关键是要提供足够水深,从而使水葫芦根系能穿透大部分流经水葫芦系统的处理污水。水中营养越少,水葫芦的根系就会长得越长。因此,水葫芦系统的末端池中水深可以更深一些。圣迭戈项目（带有辅助曝气）的推荐深度为 1.07～1.37m[18]。而对于浮萍系统,已使用的操作深度为 1.5～2.5m。

4.3.4 植被管理

有关水葫芦作为废水处理工艺的文献中包含了大量对水葫芦收割后使用的诸多思考[8]。堆肥、厌氧消化用以产生甲烷、糖发酵形成酒精等均为推荐技术,这些技术可以回收部分能源,从而收回部分废水处理的成本费用。这些消化技术有可能在大规模的水葫芦系统中得以使用;但是,对于典型的小型废水处理生产系统来说,甲烷生产所带来的经济效益是不可能与系统支出达到收支平衡的。

是否需要对植物进行收割,依赖于该项目的水质处理目标、植物的生长率以及对以该种植物为食物的虫子（如象鼻虫）的影响。要保持植物具有较高的养分代谢吸收能力，就需要对植物进行定期收割。例如，在美国佛罗里达州，为实现脱氮而对水葫芦进行频繁收割（每三到四周一次）。氮和磷的去除只有通过对植物进行频繁收割才能得以实现。在那些水葫芦生长健康受到象鼻虫危害的地方，理论上来说，选择性收割可以有效地控制虫害。美国得克萨斯州不建议对植物进行定期收割，而是建议每年对池塘进行一次排水和清理[11]。要想使浮萍系统起到除 N 效果，在暖期至少要一周收割一次浮萍。

收割的植物通常要进行干燥和填埋。干燥过程有可能产生大量异味。在美国弗罗里基西米达地区，水葫芦主要是用作堆肥。没有风干的浮萍则用作动物饲料。

4.3.5　蚊子及其控制

蚊虫控制的目的在于减少蚊虫数量，使其低于疾病传播或烦扰居民的阈值水平。可用于控制蚊虫的策略包括：

（1）池塘放养食蚊鱼；

（2）对进水进行更有效的预处理，以减少对水生植物系统的有机负荷，维持有氧环境；

（3）带回流的分段进水；

（4）对水生植物进行更频繁的收割；

（5）使用杀虫剂；

（6）曝气充氧（通过曝气设施）。

有效的蚊患控制基于两个操作起来非常困难的参数：维持溶解氧（DO）在 1mg/L 和对水葫芦进行频繁收割。在美国圣迭戈，曾采取辅助曝气的方法以达到这个目的。

美国的许多地方，在水处理系统中，蚊虫的增长可能是决定该系统是否被允许使用的关键因素[3]。用于控制蚊虫的鱼类（特别是食蚊鱼）将死于超有机负荷所产生的厌氧环境。食蚊鱼数量少时，蚊虫会大量滋生；同时，当植物紧密生长在一起时，蚊子也会在生长茂密的水葫芦系统中繁殖。植物丛中易形成小水囊，这些水囊易于让蚊子幼虫进入，而鱼则无法进入。

4.3.6　设计参数建议

用于水生植物系统的设计参数包括水力停留时间、有机负荷率、氮负荷率。基于所需处理水平的系统设计参数总结于表 4-5。通过使用浮萍的兼性池塘进行废水深度处理的设计标准汇总于表 4-6。

表 4-6　浮萍深度处理系统的设计标准

因素	二级处理
进水	兼性塘污水
BOD$_5$负荷/[kg/(ha·d)]	22～28
水力负荷/[m³/(ha·d)]	<50

续表

因素	二级处理
水深/m	1.5～2.0
水力停留时间/d	15～25
水温/℃	>7
收割频率	每月一次

4.3.7　污泥处理

污泥包括污水中的固体物和植物碎屑，它最终必须从水生植物系统中清除出去。美国得克萨斯州威廉姆森西的湿地系统中，污泥量预计达到 $1.5×10^{-4}～8×10^{-4} m^3/m^{3[1]}$。与之相比，传统的一级稳定塘的污泥积累量为 $1.8×10^{-3} m^3/m^3$。一般来说，水葫芦系统中污泥积累速率是预处理水平的函数。除了水葫芦系统，其他水生植物水处理系统的污泥累积量鲜有报道。水葫芦系统的污染清洗频率依赖于污水处理程度和推荐的植物收割频度。推荐的污泥清理频率见表 4-7。

表 4-7　水葫芦池污泥清理的频率建议[11]

池子类型	清理频率
浅水型高流速系统的初级单元池	每年一次
二级单元池	2～3 年一次
三级单元池	2～3 年一次
深层二级单元池（经常收割）	5 年一次
二级单元池（不经常收割）	每年一次
季节性运行系统	每年一次

4.4　水生植物处理系统的物理特征

4.4.1　系统构型

绝大多数早期的水葫芦系统都是一系列连续运行的像稳定塘一样的矩形水池。美国佛罗里达州迪斯尼乐园的研究，则采用了长而窄的池型。

美国圣迭戈水产养殖项目是一个中试规模的水葫芦工程系统，其目的是运用该系统将初级处理的污水再处理到二级出水水质标准。该系统经过发展，已经能够解决早期池塘中产生硫化氢气味及蚊虫滋生的问题。上述两大问题是通过特殊的系统构型和进水分配系统解决的。

圣迭戈系统的早期运行经验表明，硫化氢气味和蚊子幼虫的产生对于水葫芦系统是一个非常严重的问题。由于系统位于城区，严格要求不得产生异味和蚊虫。初期的解决方法是降低有机负荷，将系统出水回流到进水端，从而稀释进水，并将有机负荷更彻底均匀地分配到整个池体中。这种解决方法起到一部分作用，有机负荷率维持在较低水平，以防止池子前端出现缺氧情况。

工作人员沿池子长度方向对 BOD$_5$ 监测分析，结果表明，在长度为 120m 的池子中，绝大多数 BOD$_5$ 的去除发生在最前端的 15m。最新的系统构型包括将部分出水回流至进水端，并沿着池长进行 8 个点（点与点之间间隔约 15m）的分段进水，并在水生植物系统中将辅助曝气增加为常规设置。

系统配水方式的演变历程示于图 4-2，目前使用的是带回流的分段进水。通过带回流的分段进水，可以控制水道的有机负荷水平。通过这种配水方式和较高的池体长宽比（＞10：1），能够方便地控制处理过程，并使其达到最佳性能。图 4-2(c) 模式代表了圣迭戈当时的系统，而图 4-2(d) 模式则是为未来设计的循环式的回流系统。这种循环方式的设计缩短了回流和分段进配水的路线。

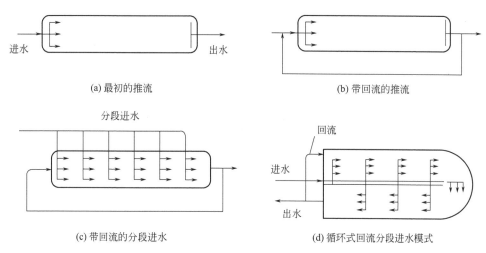

(a) 最初的推流

(b) 带回流的推流

(c) 带回流的分段进水

(d) 循环式回流分段进水模式

图 4-2　加利福尼亚州圣迭戈的池塘水葫芦处理系统的配水方式演变历程

4.4.2　进出口结构

为减少短流出现的可能性及简化植物收割作业，水生植物系统往往设计采用较浅的、长宽比较高的矩形池。使用隔板及进水分配阀，可以延长水利停留时间。进水分配阀组和多点配水（分段进水）可以有效地运用于出水回流，从而稀释进水中的污染物浓度。池体的出水阀要使得进入阀门的水流速较低，从而使得出水端的水保持静水状态。如果系统中设计了多种不同的运行深度，那么系统出水阀应设置在比最浅处的水面深度还要低 0.3m 的位置。

4.4.3　辅助曝气

对曝气的需求主要是出于对蚊虫和气味进行严格控制的要求而发展来的。曝气可以将溶解氧含量维持在 1mg/L，有利于系统中的食蚊鱼存活，并且可最大限度地减少硫化氢气体的产生。圣迭戈系统成功地使用微气泡扩散器进行曝气。在相同构型的池塘、相同的生化需氧量负荷率和总风量情况下，同样构型的池塘微气泡扩散器产生的溶解氧为 0.5～1.0mg/L，高于粗气泡扩散器（图 4-3）。该曝气系统的性能相当于生物需氧量负荷的两倍（评价曝气系统大小的方法在 4.6.2 案例 2 中介绍）。在白天，曝气系统的启动和关闭通过自动化控制，以维持 DO 含量大于 1mg/L。当水葫芦积极进行光合作用时，可将氧气输运到其根部，同时也输运到附着在根部的微生物中。光合作用输氧过程降低了用于曝气的辅助设施和相关的能源费用。

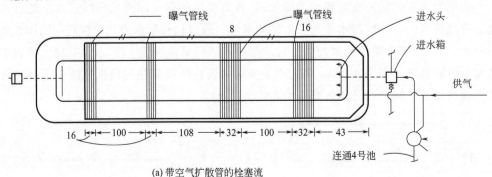

(a) 带空气扩散管的栓塞流

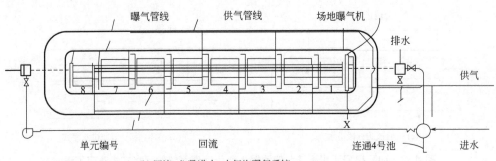

(b) 回流+分段进水+大气泡曝气系统

c.运行时间1987年11月以后

(c) 回流+分段进水+细气泡曝气系统[18]

图 4-3　加利福尼亚州圣迭戈 3 号池的水流和曝气系统的演化

有一种辅助曝气方法是喷灌。此方法是向水葫芦喷洒回流污水。这种技术也常被运用于冬季平均气温位于水葫芦可承受的边界温度的地区，以控制霜冻对水葫芦的影响。已有研究[19]推荐在喷灌回流系统中使用更耐温的植物，以起到连续过滤的功能。

在圣迭戈项目中发现，使用喷灌辅助曝气既能有效充氧又能减少蚊子幼虫的数量[18]。蚊子幼虫数量较低，可能是由于蚊虫在夜间积极繁殖时，其模拟降雨效应破坏了水/气界面的稳定[19]。

喷灌有一个很重要的缺点，就是会影响水葫芦植物的生长健康。在圣迭戈项目中，喷灌区域外的植物生长茂盛，经过喷洒的植物却开始出现发蔫和发黄的现象[16]。通过将喷灌时间限制到晚间的 12 个小时，植物的健康才有所改善。虽然喷灌有效地提高了溶解氧水平并降低了蚊子幼虫的数量，但同时使得蒸发量增加，可能导致水体溶解性总固体 TDS 含量升高，而且考虑到抽水的动力费用，往往就降低了这种方法的使用价值[18]。

4.4.4 曝气的操作和维修

每天应至少进行两次溶解氧的测定，目的是使沿着池子水流的方向上，溶解氧的平均浓度保持在 1～2mg/L。当溶解氧的浓度低于 1mg/L 时，应增加额外曝气或者减少流量直到池子 DO 水平恢复正常。工作人员使用溶解氧探头实现曝气操作的自控化控制与管理。经过几个月的运行后，微细气泡曝气器上会累积一层较厚的生物黏泥，特别是进行间歇曝气时更为严重[18]。每月用粗刷子对曝气器进行清理可以暂时有效地控制生物黏泥的增长。

4.5 运行效果预测

4.5.1 设计方程

圣迭戈水葫芦项目进行了一系列不同回流量的试验。试验的目的在于确定所允许的最大有机负荷率和最佳回流比。根据试验结果，圣迭戈项目得出的结论是改进的分段进水系统，可以看作一系列连续流动搅拌的反应器。

4.5.1.1 BOD_5 的去除

对于 8 个连续的反应器中的第一个，按照物质守恒定律，BOD_5 的去除满足一级动力学方程[18]：

$$累积量＝进水量－出水量＋产生量 \qquad (4-1)$$

$$0＝Q_r C_8＋0.125QC_0－(Q_r＋0.125Q)C_1－K_T C_1 V_1 \qquad (4-2)$$

式中　Q_r——回流量，m^3/d；

C_8——第 8 个反应器出水中的 BOD_5 浓度，mg/L；

$0.125Q$——分配到每个反应单元中的进水流量（$Q÷8$）；

C_0——进水中的 BOD_5 浓度，mg/L；

C_1——第 1 个反应器出水中的 BOD_5 浓度，mg/L；

K_T——一定温度下的一级反应速率常数，d^{-1}；

V_1——第一个反应器的容积，m^3。

公式(4-2)中的 K_T 在 20℃时大概为 $1.95d^{-1}$。如图 4-4 所示，回流系统中重要的一点是，系列中第一个反应器的回流比为 16∶1，而最后一个反应器的回流比为 23∶1。如果回流水在回流至池塘前端之前，已经与进水混合在一起，则回流率为 2∶1。这两种不同的运行模式会导致运行效果有显著差异。

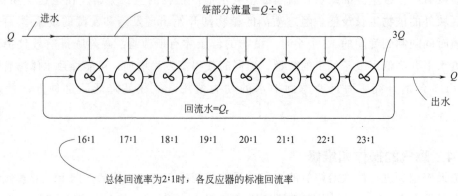

图 4-4　分步给水及回流的水葫芦池示意图[28]

4.5.1.2　温度效应

基于每天的监测结果，通过下面的公式估算出温度系数（O）为 1.06[18]。

$$K_T = K_{20}O(T-20) \tag{4-3}$$

式中　O——温度系数经验值；

　　　T——运行水温，℃。

4.5.2　脱氮

植物吸收对氮的去除，只有在对植物进行收割时才能真正实现。由硝化反应产生的硝态氮，通过反硝化和植物吸收被去除。硝化或植物吸收过程是否是主要的氨态氮转化机制并最终导致系统脱氮，过去一直存有疑问。

韦伯对一篇关于水葫芦处理系统的综述文章的数据进行了收集分析，他认为硝化-反硝化是最主要的脱氮机制[20]。只有当水葫芦系统进水为低氮负荷并且大量收割水生植物时，植物吸收才成为主要的脱氮途径[20]。

美国有研究对从包括佛罗里达州珊瑚泉、蒙赛拉特岛威廉姆森溪和佛罗里达州佛罗里达大学在内的几个典型案例中收集的 54 个脱氮数据进行了总结。在一定表面负荷率下的脱氮百分比结果示于表 4-8。

表 4-8　水葫芦三级处理脱氮效率[21]

水力负荷/[m³/(ha·d)]	TN 去除率/%
9350	10～35
4675	20～55
2340	37～75
1560	50～90
1170	65～90
≤935	70～90

4.5.3　除磷

水生植物系统中磷的去除，依赖于以下几个因素：植物的吸收、由于微生物的活动而在植物组织残体中的固定、底层沉积物的吸附、从水体向底泥中的沉淀。由于磷从水中的去除主要是通过在系统中的吸附沉淀完成的，因此，要从系统中最终移除 P，就要收割植物和疏浚沉积物[22]。

美国佛罗里达州沼泽湿地中磷的吸收去除率平均值为 11%，在冬季则表现为净释放[23]。雷德等[24] 研究了生长于各种氮源中水葫芦的产量，发现要想达到最大植物生物量，最佳 N/P 应为 2.3~5。通过这个比值范围可以判断氮磷是否限制水葫芦的生长。

研究发现[4]，在水生植物系统中，不进行植物收割时，通过沉淀、吸附去除的磷大约有 2kg/(ha·d)。进入水生植物系统之前，可以通过化学沉淀反应去除磷。如果除磷要求比较高，化学沉淀可能是性价比最高的除磷方法。

4.6 设计案例

下面的两个设计案例阐明了如何应用表 4-4 和表 4-7 中的设计标准。案例 1 还可说明表 4-8 中的设计标准在预测脱氮效率方面的应用。

4.6.1 案例 1

设计一个水葫芦系统，对经过格栅处理后的市政污水进行处理，出水达到二级标准。

假设：

设计流量＝730m^3/d；[BOD$_5$]＝240mg/L；[SS]＝250mg/L；[TN]＝20mg/L；[TP]＝10mg/L；

临界冬季温度＞20℃。

出水要求：[BOD$_5$]＜30mg/L；[SS]＜30mg/L；

设计方法

(1) 计算 BOD$_5$ 负荷：240mg/L×730m^3/d×10^{3}L/m^3×1kg/10^{6}mg＝175kg/d

(2) 依照表 4-4 的标准计算所需水面面积：系统整体的 BOD$_5$ 负荷为 50kg/(ha·d)；第一个池子的 BOD$_5$ 负荷为 100kg/(ha·d)。

所需总面积＝175kg/d÷50kg/(ha·d)＝3.5ha

所需初级池面积＝175kg/d÷100kg/(ha·d)＝1.75ha

(3) 使用 2 个初级池，每个面积 0.88ha，池体长宽比取 3∶1，则池体平面尺寸：初级池面积＝L×W＝L(L/3)＝L^2/3，即 0.88ha×10000m^2/ha＝L^2÷3，8800m^2＝L^2÷3，则 L＝163m，W＝163÷3＝54 (m)。

(4) 将余下所需的面积分成 2 组，每组包含 2 个单元（每个单元 0.44ha），以形成一个完整的水生植物处理系统，该系统由 2 个系列组成，每个系列 3 个处理单元。

末端池面积＝L÷W＝L(L/3)＝L^2÷3，即 0.44ha×10000m^2/ha＝L^2÷3，4400m^2＝L^2÷3，则 L＝115m，W＝115m÷3＝38m。

(5) 允许系统有 0.5m 的淤泥储存空间，同时假设有效水深为 1.2m，则池塘总深为 1.7m。假定坡度为 3∶1，使用下列公式（大约体积）来确定处理容积。

$$V=[LW+(L-2sd)(W-2sd)+4(L-sd)(W-sd)]\times d\div6$$

式中　V——池子或单元的容积，m^3；

　　　L——池子或单元的水面长度，m；

　　　W——池子或单元的水面宽度，m；

　　　s——比降因子（如坡度为 3∶1，则 $s=3$）；

　　　d——池深，m。

初级池：

$V=[163\times54+(163-2\times3\times1.2)\times(54-2\times3\times1.2)+4\times(163-2\times1.2)\times(54-2\times1.2)]\times1.2\div6$

$V=9848m^3$

末端池：

$V=[115\times38+(115-2\times3\times1.2)\times(38-2\times3\times1.2)+4\times(115-2\times1.2)\times(38-2\times1.2)]\times1.2\div6$

$V=4745m^3$

(6)确定在有效处理区的水力停留时间。

初级池：

$t=2\times9848m^3\div730m^3/d=27d$

末端池：

$t=2\times4745m^3\div730m^3/d=26d$

总停留时间＝27d＋26d＝53d＞40d

(7) 校对水力负荷：$730m^3/d\div3.5ha=209m^3/(ha\cdot d)>200m^3/(ha\cdot d)$。

(8) 通过表 4-8 估测氮去除率，以确保在末端池中有足够的氮来满足水葫芦的生长，同时确定水葫芦的收割频率。

从表 4-8 来看，在水力负荷小于 $935m^3/(ha\cdot d)$ 时，氮去除率基本可以达到 90% 以上。由于本案例中水力负荷是 $209m^3/(ha\cdot d)$，可以预计系统最后出水中的氮含量为 5mg/L 或者更低。由于该系统中 N 并不在支撑植物生长的最佳 N 含量水平，因此建议对水葫芦每年收割一次即可。对于初级池进水，建议使用进水扩散器使得进水流量在初级池中进行适当的分配。

4.6.2　案例 2

在土地资源有限的地方，设计一个带辅助曝气的回流水葫芦处理系统，对污水进行处理，出水达到二级标准。

假设：设计流量＝$730m^3/d$；$[BOD_5]=240mg/L$；$[SS]=250mg/L$；$[TN]=20mg/L$；$[TP]=10mg/L$；冬季水温＝20℃。

出水要求：$[BOD_5]<30mg/L$；$[SS]<30mg/L$。

假设保持 80% 的植物覆盖率，每月进行一次植物收割。

设计方法

(1) 由于区域的选址土地资源限制，没有地方可以用来建设预处理塘。预处理采用依姆荷夫槽（双层污水处理装置），同时对水葫芦池进行辅助扩散充氧，可以减少系统所需的占地面积。对于这个相对较小的流量来说，使用依姆荷夫槽的另外一个好处是不需要单独的污泥消化装置。

（2）依姆荷夫槽设计：

沉淀停留时间＝2h；表观负荷＝24m³/（m²·d）；溢流堰负荷＝600m³/（m·d）；浮渣表面积＝总面积的20％；污泥消化量＝0.1m³/人，或总容量的30％左右；沉淀所需的最小面积＝760m³/d÷24m³/(m²·d)＝31.7m²；浮渣所需面积＝0.20×31.7m²＝6.3m²；所需总面积＝沉淀面积＋浮渣面积＝31.7m²＋6.3m²＝38m²。

一个典型的依姆荷夫槽大概长8m、宽5m。在这种情况下，中央沉降室可能有4m宽，周边均有宽约0.5m的开放渠道，这些渠道主要用于收集浮渣和排气。开槽的、倾斜的底部（底墙的坡度为5：4）至少需3m深，以保证停留时间达到必需的2小时。将舷板和污泥消化池计算在内，这个拥有漏斗形触底的槽总深度约6～7m。

对于一个维护合理的依姆荷夫槽，BOD_5的去除率能达到47％，SS去除率最高能达到60％。假设该系统没有氮、磷流失，则初级出水中的污染物浓度为：

$[BOD_5]＝240mg/L×0.53＝127mg/L$

$[SS]＝250mg/L×0.40＝100mg/L$

$[TN]＝25mg/L$

$[TP]＝15mg/L$

（3）水葫芦系统的BOD_5负荷将是：

$127mg/L×730m³/d×10³ L/m³×1kg/10^6 mg＝92.7kg/d$

（4）使用公式（4-2）来确定池体容积。

假定回流比采用圣迭戈系统的2：1；此外，进水模式采用分八个点的分步给水模式（如图4-4所示）。为了解出式（4-2），池子八个部分的出水浓度可以经由回流比进行计算

$$0＝Q_r C_8＋0.125QC_0－(Q_r＋0.125Q)C_1－K_T C_1 V_1$$

其中：

进水中的BOD_5浓度C_0＝依姆荷夫槽出水中的BOD_5浓度＝127mg/L；

回流量$Q_r＝2Q＝2×730＝1460$（m³/d）

8号反应器出水的BOD_5浓度$C_8＝C_0÷8＝127÷23＝5.52$（mg/L）；

流入每个单元的进水量＝$Q÷8＝0.125Q＝730÷8＝91.25$（m³/d）；

1号反应器出水中的BOD_5的浓度$C_1＝C_0÷16＝127÷16＝7.94mg/L$；

K_T为T温度下的一级反应速率常数，20℃时为1.95d^{-1}；

第一个反应器的容积V_1＝总体积÷8；

$0＝1460×5.52＋91.25×127－(1460＋91.25)×7.94－1.95×7.94V_1$

$0＝8059＋11589－12317－15.5V_1$

$V_1＝7331÷15.5＝473$（m³）

总系统容积＝$8V_1＝8×473＝3784$（m³）。

　　（5）估算所需的池子数量。参考表 4-5，池子的长、宽、高依次为 122m、8.5m、1m，单池容积为 745m³，整个系统所需的总容积为 3784m³，则需要五个这样的池子。

　　假设所需的氧气量是有机负荷的两倍，空气中含有 0.28kg/m³ 的氧气，浅池中的曝气效率约为 8%，那么总空气需要量 $=2[BOD_5]$，$Q \times 10^{-6}/0.28E = 2 \times 127mg/L \times 730 \times 10^3 L/d \times 10^{-6} \div (0.08kg/m^3 \times 0.28) = 8260m^3/d = 5.73m^3/min$

　　由表 4-5 可知，每一个曝气装置的最大气流量为 0.028m³/min。由于有 5 个池子，每个池子所需的曝气装置个数为：

　　曝气装置个数 $=5.73m^3/min \div (5 \times 0.028m^3/min) = 40.9$

　　如图 4-3（c）所示，将所需的曝气装置均匀分布在池中的 8 段，每个曝气装置占地 0.14m²。

　　（6）为确保进水能在池中均匀分布，进水系统至关重要。应用食蚊鱼或其他的生物或化学制剂对于控制蚊虫很有必要。植物应该每 3～4 周收割一次。每一次收割时，收割的植物不要超过植物总量的 20%。

　　（7）本案例中设计的处理系统虽然面积只有案例 1 系统的 1/3～1/2，但其水质净化效果却更好。主要原因是在于采用依姆荷夫槽对进水进行预处理，同时采用了分段进水和辅助曝气。在土地资源有限或是地价十分昂贵的地方，当要求系统达到二级处理的效果时，这种处理系统可能性价比更高。

　　在土地成本很高的系统中，辅助曝气设施所带来的额外投入可能很高。辅助曝气的水葫芦系统成为一个混合水处理系统，这种系统比本手册中介绍的自然型水生植物系统更复杂，但比采用滴滤池或生物转盘的常规水处理系统要简单。

4.7　案例研究

　　本节的目的在于通过对代表水生植物系统目前知识和实践水平的三个案例分析，为读者提供此类系统的设计和运行知识。这三个系统是美国加利福尼亚州的圣迭戈系统、得克萨斯州的奥斯汀系统及佛罗里达州的奥兰多系统。选择圣迭戈中试规模的水葫芦系统进行案例分析是因为该系统尝试将初级后的出水处理到二级出水标准。选择奥斯汀水葫芦系统是因为它使用了霜冻防护罩。选择奥兰多水葫芦系统是因为它尝试去除经过二级处理的出水中的 BOD_5、SS、氮和磷。

4.7.1　加利福尼亚州的圣迭戈系统
4.7.1.1　历史
　　圣迭戈市 90% 的供水是依靠外源引水。考虑到这种水源未来将无法满足预期水量需求，圣迭戈市从 20 世纪 50 年代开始就一直努力寻找解决未来水量需求的方法。早期曾尝试着将污水厂二级出水回用于灌溉，及将海水淡化作为饮用水源，但这些尝试均以失败告终。

　　1964 年，圣迭戈开始了运用反渗透脱盐技术进行污水回用的工作。污水厂的一级处理出水通过低压蒸汽锅炉中的反渗透装置进行脱盐处理。该装置规模为 76m³/d，成功生产出高纯度的锅炉给水。在一个加利福尼亚州水资源局赞助的合作项目研究中，工作人员发现圣迭戈的反渗透装置还能去除病毒。基于这一发现，再生水第一次作为可以满足城市用水的一种水资源得到了认真的考虑和重视。

1974 年，反渗透实验装置从洛马角搬到毗邻杰克莫非体育场的另外一个地方，其目的是生产能回用于体育场草皮灌溉的再生水[25]。

被称为 Aqua I 的污水回用的示范项目，始于 1981 年 9 月，于 1986 年 6 月结束。全部试验装置包括以下处理流程：水葫芦系统进行的二级处理、石灰稳定、超滤、加压沙滤、反渗透、活性炭吸附、臭氧和紫外线消毒，收割后的水葫芦消化并生产甲烷。Aqua I 治理的规模为 114m^3/d。

由本案例研究描述可知，现有的圣迭戈实验系统是对之前系统的升级改造。并成立了一个咨询委员会，其目的是为圣迭戈系统的研究人员提供（研究）建议，审查研究结果，并就该实验装置的运行提出建议。

4.7.1.2　工程项目说明

从概念上讲，圣迭戈的再生水项目整体上分为四个部分：水葫芦系统污水处理部分，利用先进的反渗透技术生产初级饮用水部分，利用水葫芦生物质和污泥进行厌氧消化并生产甲烷部分。对比使用再生水和当前供水的健康风险，该项目的水生植物处理系统的建设分 4 个阶段，并于 1989 年全部完工（图 4-5）。

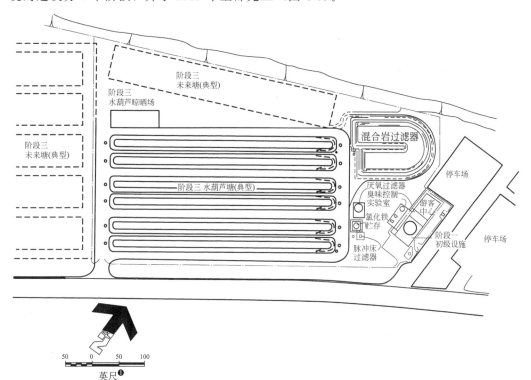

图 4-5　加利福尼亚州圣迭戈水生植物试验系统场地规划[26]

---

❶　1 英尺＝0.3048m

阶段 1 于 1984 年完成，包括设计和建造两个并联的规模为 1890m³/d 的一级处理单元和四个并联的规模为 380m³/d 的二级处理单元，一共是六个水葫芦处理池。

阶段 2 于 1986 年完成，该阶段主要包括在特定处理工艺下，操作和评估试验单元的运行状况。

阶段 3 工程在 1989 年完工，其中包括在二期研究结果的基础上，利用水生植物处理系统建设一个再生水厂。二期的实验装置将按比例增加到 3785m³/d，同时增加一个规模为 1890m³ 的高级处理系统来降低含盐量及污染物深度处理。该期工程也将建设一个厌氧反应器，对水葫芦生物质进行消化，并产生甲烷。

阶段 4 是对该规模为 3785m³/d 的系统进行运行评估。

4.7.1.3 实验装置研究结果

该试验项目的总体目标是观察这种革新/替代的低能耗再生水生产方式的性能。该项目的目标是为该工艺规模化应用的工程设计奠定坚实基础。值得注意的是，该项目的原始资金只涉及利用水生植物进行污水处理。根据原来的拨款，水生植物处理系统是以实现 BOD_5 和 SS 均达到 30mg/L 为目的。有了对高级处理和健康影响评价的追加资助后，水生植物处理系统的目标变成：为高级处理系统的深度处理提供合适的水质条件，为厌氧消化提供水葫芦生物量及废水污泥，以便通过产生甲烷回收能源。该项目的初始目标保持不变。利用自然生物系统，再加上低能耗系统和能源回收也成为该类项目的目标。其他目标则是为灌溉和初级饮用水提供合适水质的再生水源。

（1）一期研究（早期开发）。两个初级处理工艺单元和四个二级处理工艺单元，以不同的方式进行组合使用，从而为整个系统运行效率的比较和评价提供七个不同的处理工艺组合。初级处理单元包括一个沉淀池和一个转盘过滤器，规模均为 1890m³/d。二级处理单元由脉冲床过滤器、污泥床/固定膜反应器、混合砾石过滤器及水葫芦植物池组成（图 4-6）。这 6 个水葫芦植物池尺寸均为 8.5m×126m×1.2m，底部由黏土衬底作为防渗层，四周为土质护堤。运行时将 6 个水葫芦植物池分成三组，两个池子一组，组间经由管道和滑动闸门形成并联或串联结构，同时使组间保持不同的水深。水葫芦植物池作为二级处理单元，同时对其他二级处理过程出水进行深度处理。

在该项目的一期部分中，完整的处理流程包括：

a. 初级沉淀池-混合砾石过滤器-水葫芦池；

b. 转盘过滤器-污泥床固定膜反应器-水葫芦池；

c. 初级沉淀池-污泥床固定膜反应器-水葫芦池；

d. 初级沉淀池-脉冲床过滤器-水葫芦池；

e. 初级沉淀池-水葫芦池；

f. 转盘过滤机-水葫芦池；

g. 转盘过滤器-脉冲床过滤器-水葫芦池。

对处理工艺流程的水质监测，始于 1984 年 9 月，并一直持续到 1985 年 9 月。每次水质分析指标包括 BOD_5、SS、营养物、整个系统的硫化物浓度。如果最终出水达到二级排放标准，则只监测 BOD_5 和 SS 的浓度。监测营养物浓度，包括各种形态的氮和磷

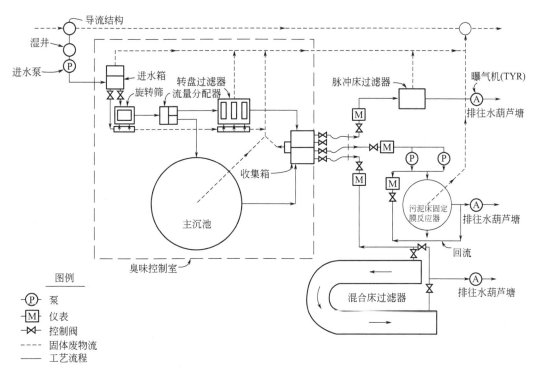

图 4-6 加利福尼亚州圣迭戈水生植物试验系统初级和二级设施示意图[25]

浓度，用于评估微生物过程及水葫芦对营养元素的生长吸收。测定硫化物，则是基于该类化合物易形成硫化氢和臭味问题。根据对不同的处理工艺组合水质处理数据的详细分析，可知最有效的系统是工艺组合 f（旋转盘过滤器-水葫芦池）[27]。由于易堵塞，该流程中剔除了混合砾石过滤器；未采用厌氧反应器，则是出于对臭味控制的考虑。

自 1985 年 9 月开始进行的实验是针对选定的工艺流程进行的。为了确定 BOD_5 和 SS 在植物池中的降解去除机制，1985 年秋天，沿池塘的水流方向进行了一系列监测。从监测结果看，绝大部分 BOD_5 和 SS 的去除发生在水葫芦池的前 15m。这说明池塘前端的有机负荷过量。基于这个发现，对进水进行了沿池长的分段或分步给水。

（2）二期研究（分步进水的水葫芦池）。根据沿水流方向的监测结果，对 3 号和 5 号池进行了改造，以分析出水回流及分步给水对水处理效果的影响。每个池子被分成 8 个小隔室，每个隔室长 15.2m，在隔室前端进水（见图 4-7）。同时使用了循环回流系

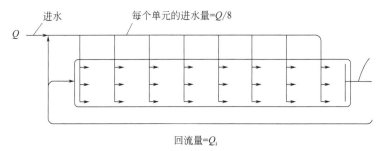

图 4-7 加利福尼亚圣迭戈水葫芦池的回流与分步给水系统[26]

统。大部分回流水进入阶式曝气装置；剩余部分回流到曝气沙井与进水混合，并通过进水的分步给水管道再次流入池中。覆盖每一个池子全长的曝气系统使用了间隔 0.3m 的钻孔 PVC 管，同时曝气沙井也能进行曝气充氧。对于高硫酸盐含量的废水处理系统，必须安装曝气系统，以克服高浓度硫可能带来的问题。

1986 年 3 月，该分步进水系统开始投入使用。工作人员对该系统进行了运行监测，用以确定：池子及各级隔室的处理能力，不同进水条件下所需的曝气量，维持溶解氧浓度在 1mg/L 时所允许的最大进水速度，回流水量对溶解氧浓度及池塘化学指标特征的影响，以及全系统曝气的效果。

（3）分步进水的水葫芦池的性能。水葫芦系统扩建计划的设计标准和原有的标准体系汇于表 4-9。在 1986 年 6 月至 1987 年 6 月期间，在含有水生植物处理单元中处理不同污水运行的数据汇总于图 4-8 和图 4-9。如图所示，除了有一次例外外，不管进水的 BOD_5 值如何波动（125～375mg/L），水生植物池出水中的 BOD_5 值均远低于 30mg/L，所有的 SS 值也低于 30mg/L。

工作人员对水生植物池沿着水流方向进行了 BOD_5、SS 和 DO 的一系列水质监测，用以确定整个池子的水处理效率。水质监测点位于每个隔室的入水和下一隔室进水的前 3m 处。BOD_5、SS 和 DO 的典型剖面监测结果示于图 4-10。该结果显示出了回流水进入池子前端后的稀释效应。每个隔室的污染负荷都是连续的，并且整个池塘实现了相应的水处理目标。其中 DO 变化最大，在最后的四个隔室中普遍下降到 1mg/L 左右。

表 4-9 为扩大加利福尼亚州圣迭戈水产处理设施，改进推流水葫芦池的设计标准[18]

项目		现存	扩增
池形	横截面	梯形	梯形
	水流形态	栓塞流	带回流的分布给水①
池的规格	最大长度/m	122	122
	基底宽度/m	3.55	3.66
	边坡斜度	2:1	2:1
	最大高度/m	1.22	1.52
	水深 1.5m 时顶宽/m		9.76
表面积/ha	水深 1.07m 时	0.097	0.097
	水深 1.22m 时		0.105
	水深 1.37m 时		0.113
设计与运行过程 BOD_5 负荷	（BOD_5/COD=0.45)/[kg/(ha·d)]	123②	359③
	每池的进水流量/(m³/d)	98	313
	运行水深/m		1.37④
	回流率		2:1
	每个曝气机的最大曝气量④/(m³/min)	0	0.0028
	池中 DO/(mg/L)		1:2

续表

项目		现存	扩增
预测出水水质 /(mg/L) (%时间下)	[BOD₅]		120(90)
			≤10(50)
			≤25(90)
	[SS]		11(50)

① 设计为环绕式回流分步给水方式［见图 4-2(d)］。

② 假设条件是 $BOD_5/COD=0.7$。

③ 完成水深试验后的暂定数据。

④ 曝气系统［见图 4-3(c)］中。

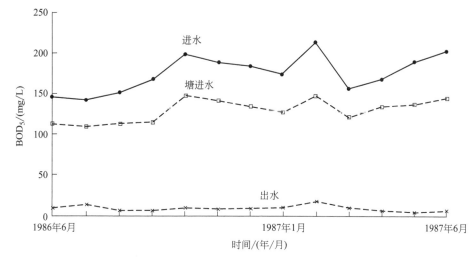

图 4-8　加利福尼亚州圣迭戈 3 号塘在 200%回流时的 BOD₅ 去除效果[27]

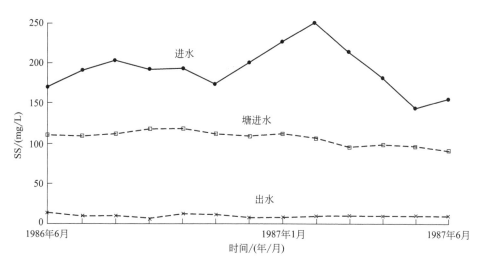

图 4-9　加利福尼亚州圣迭戈 3 号塘在 200%回流时的 SS 去除效果[27]

（4）水葫芦的生长与收割。在试验点进行水葫芦收割主要是为了提供足够的开阔水面和保持足够低的植物密度，以便食蚊鱼能更有效地控制蚊子幼虫。收割时，用铲车头部安装的蛤式铲斗将水葫芦从池子中清除，然后装进铲车后面的车厢里。

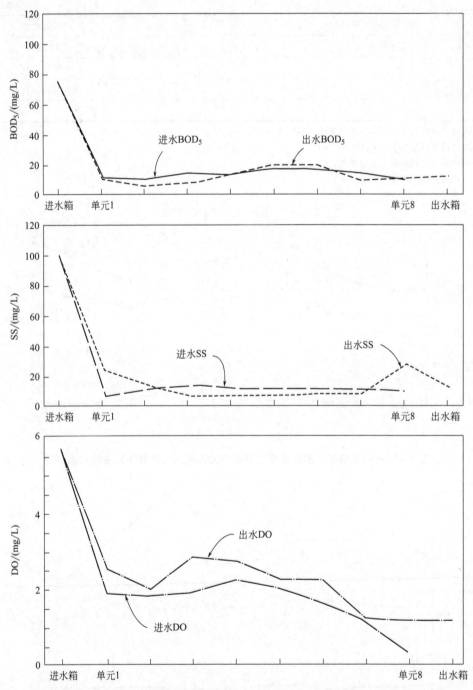

图 4-10　加利福尼亚州圣迭戈分步给水水葫芦池的进出水 BOD$_5$、SS 和 DO [26]

　　该系统第一年运行时，水葫芦的生产率明显高于报道的佛罗里达州其他类似系统。第二年的平均生产率（以干重计）为 67t/（ha·a），和其他系统的水平一致。第二年生产力下降，可能是由于通过系统的收割导致池中植物密度降低。因为收割水葫芦的主要目的是控制蚊子幼虫，所以研究者没有尝试分析水葫芦生产力和水处理性能的相关性。

（5）气味及异味的控制。设计该实验装置时，规定了要对各种处理工艺可能产生的异味进行控制。控制气味的规定包括：将初级沉沙池和转盘过滤器置于一个单独建筑物内，在该建筑的排气管上安装活性炭吸附装置；在厌氧过滤污泥床固定膜反应器（SBFFR）和混合砾石过滤器（HRF）中添加氯化铁对硫化物进行沉淀去除；在每个曝气沙井处安装活性炭吸附罐对硫化氢和其他异味进行吸附。曝气沙井位于三个二级处理的下游，通过在此处安装曝气机对进入水生植物塘之前的待处理污水进行曝气充氧。

初级处理设施配备的气味控制措施成功地防止了实验系统附近臭味的产生。厌氧过滤污泥床固定膜反应器（SBFFR）和曝气沙井处安装的活性炭吸附罐也成功地控制了臭味的发生，只有一次事故例外，在这次事故中，厌氧过滤污泥床固定膜反应器的活性炭吸附罐吸附饱和，而不得不予以更换。混合砾石过滤器（HRF）也发生了几起臭味事故。这些问题大部分发生在系统运行的前几个月。因为臭味问题，该系统在 1984 年 6 月，也就是开始不到 1 个月后停止运行。6 月底，向混合砾石过滤器出水中加入氯化铁后，臭味就越来越淡，发生的频率也越来越低。然而，当介质堵塞而在混合砾石过滤器上部产生积水时，也会有臭味产生。

最严重的气味问题与水葫芦植物池有关。人们注意到在出水池和曝气管中往往有硫化氢的气味。导致臭味的主要原因是底部污泥沉积在厌氧条件下，废水中的硫酸盐被还原成硫化氢。臭味问题的解决办法是改变池塘运作的方式（如前所述），以及提高溶解氧浓度，以在充分满足污水对氧需求的同时，使池塘其余部分水体中的 DO 保持在 1mg/L 以上。

（6）蚊虫及其控制。蚊虫控制项目的主要目的是评价水葫芦植物池滋生蚊虫的潜力及确定控制蚊子数量的有效措施。观测的指标包括蚊子幼虫、食蚊鱼、成蚊、摇蚊及蚊子天敌（无脊椎动物）的种群数量变化，研究人员附带也做了有关池塘生态的观察。

在池中保持足够数量的食蚊鱼，可以使蚊子得到充分控制。然而，在大多数测试期间，全部池体中 DO 含量太低，再加上冬季水温低，大大减少了食蚊鱼的数量，因此需要采用其他防蚊措施。两种人造药剂［BTI（bacillus thurengensis israulis）和金熊油 1111（Golden Bear Oil 1111）］的控蚊效果很好，但必须连续使用才有效。

（7）性能概要。基于 3 号池的运行表现，可以得出以下结论：带有回流的分步给水系统可以极大地提升植物塘的水处理能力。间隔 15.2m 的分步给水方式，可以使整个池塘的进水负荷近乎均匀，水处理更为有效，出水中的 BOD_5 和 SS 含量也远低于二级出水标准。然而，为了消除异味，需要对整个系统进行连续曝气以保持好氧环境。氧气需求量与池子的 BOD_5 负荷成正比，处理 1kg BOD_5 需要大约为 2.5L/s 的曝气量。出水回流为进水提供了初步稀释作用，并且有助于使其污染负荷均匀分配至整个池塘内。回流量再高的话，会增加出水的浊度。高浊度会导致过量氯气的需求，从而增加了氯化（消毒）成本。然而，即使回流率为 51%，出水 SS 也一般都在二级出水标准以内。

4.7.1.4 设计因素

在圣迭戈使用的混合式水生植物体系中，工艺设计因素考虑了：污染物表面负荷率、运行水深、过程动力学以及温度效应。之所以认为该水生植物系统是混合式，主要是由于当地水质的特点需要对系统进行辅助曝气。虽然规模为 3785m³/d 的工程尚未确定最后的设计要素，但下面给出的值与最新的研究结果一致（可以作为工程设计的参考）。

（1）污染物表面负荷率。水生植物系统常用的一个负荷参数是单位面积的 BOD_5 负荷量。基于使用了分步进水且带回流和辅助曝气的水生植物系统的运行经验，圣迭戈的研究人员推荐 BOD_5（最佳）负荷率为 200～250kg/(ha·d)。

（2）运行水深。圣迭戈系统的研究人员认为，运行水深对于水生植物系统的运行效果极为重要，同时，运行水深也决定了水力停留时间以及水流在系统中的混合状态。对于带有曝气设备的混合式分步进水的水葫芦系统，推荐的运行水深为 0.9～1.2m。

（3）水力表面负荷率。在第二阶段试验研究中，水力表面负荷率为 0.058m³/(m²·d)，这使得水力停留时间为 21d。

（4）过程动力学。如图 4-4 所示，带出水回流的圣迭戈分步进水水葫芦系统可以看作是一系列的连续流动搅拌式反应器（CFSTRs）。使用梯级流态模型，池塘系统的处理性能可以用假设的一级动力学方程很好地描述（见图 4-11）。相应的一级反应速率常

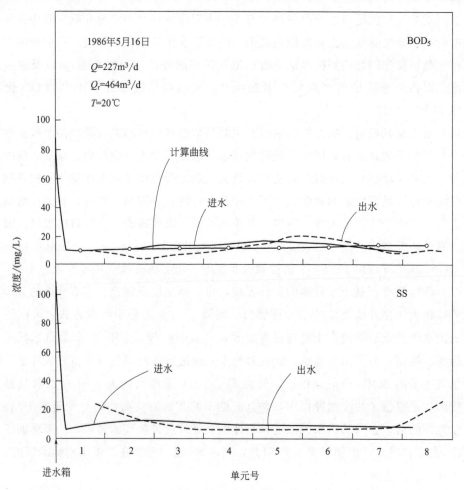

图 4-11　加利福尼亚州圣迭戈水葫芦沿 3 号塘塘长方向上的 BOD_5 和
SS 去除率变化曲线（分步给水+ 回流系统）[18]

数 K 经计算约为 $1.95d^{-1}$。

（5）温度效应。所有的水生植物处理系统的运行性能都取决于温度。根据实验研究及对文献数据的分析，发现修正后的范特霍夫-阿伦尼乌斯温度方程（van't Hoff-Arrhenius temperature relationship）可以用来估测温度对水生植物处理系统的污水处理效果的影响。根据水葫芦和挺水植物系统的实验研究，该温度系数值约为 1.09。

4.7.1.5　运行特征

带有曝气设备的混合式分步进水的水葫芦系统，已经被证明可以使出水水质稳定地达到出水要求（见图 4-8、图 4-9）。即使在分步进水系统被开发出来之前，无论池塘的条件如何（无论 DO 的水平低甚或没有，还是池塘有臭味），出水水质都很好（BOD_5 和 SS 小于 30mg/L）。

在圣迭戈系统的运行程序中，存在两个因素制约着它在其他地方的系统中的应用，即水葫芦系统必须无臭、无蚊虫。这就要求池水的 DO 最低为 1mg/L，且每个水池中都没有蚊子幼虫生长。要满足关于蚊子方面的要求，不仅要在池塘中保持巨大的食蚊鱼种群和种群内鱼良好的健康状况，还要维持低水生植物密度，以使食蚊鱼获得繁殖地点。

圣迭戈气候温暖，寒冷天气可能对水葫芦的抑制在此处并不是影响出水水质的因素。美国南部地区的另一个共有问题是，为对水葫芦进行生物控制而引入了象鼻虫和螨虫，这个问题在圣迭戈尚不存在，主要是因为这些物种尚未引入该区域。

4.7.1.6　费用

对于混合式分步进水的水葫芦系统，其成本费用除了建设传统的水葫芦池等相关的费用外，还包括分步给水管道的投资、运行及维护费用，回流水泵、管道和全塘曝气系统的相关费用。所有这些费用都应计算入水葫芦植物系统的成本分析中。

当进水 BOD_5 浓度为 175mg/L、负荷率为 225kg/（ha·d）时，处理规模为 $3785m^3/d$ 的系统需要塘面积 2.9ha。池塘的基建成本约为 218 万美金，每年运作管理费约为 49.4 万美元（以 1986 年中期水平计）。

将收获的水葫芦进行厌氧消化并生产甲烷，从甲烷中回收的能量大约相当于 20 亿 BTU/a。使用这一能源发电，可以大大减少整个系统运行所需的外部电力成本。

4.7.2　得克萨斯州奥斯汀市系统

4.7.2.1　历史

自 1970 年以来，得克萨斯州一直在收集关于利用水葫芦植物系统来提升稳定塘出水水质方面的信息。实地研究、中试及工程规模的水葫芦系统试验研究已在多处进行，其中就包括奥斯汀市。水葫芦在污水处理系统的使用已被证明是可行的，但冬天冰冻是一个每年都会出现的问题。

奥斯汀市的霍恩斯比湾（Hornsby Bend）污泥处理厂接收该区污水处理厂的剩余活性污泥。该厂于 20 世纪 50 年代投入运行。

污泥处理厂原来的设计流程是将污泥在三个塘中进行堆放，淤泥塘的上清液通过一个氯接触系统后排放到科罗拉多河。经过处理的上清液水质，不能满足该系统的设计排放要求。

1977 年，水葫芦被引入到面积为 1.2ha 的氯接触系统中，在随后的几年里出水水质得到了季节性的提升。系统结构对于水葫芦处理工艺并不是特别适合，并且在每年冬天，水葫芦通常遭到严寒的破坏。为此，有人建议建设一个温室保护水葫芦，进而为系统出水提供一年四季的水质提升保障。

霍恩斯比湾污泥处理厂的扩建和改造计划中列入了新的水葫芦设施，它包括覆盖着永久性温室结构的三个水池。霍恩斯比湾水葫芦设施（HBHF）作为一个创新的废水处理工艺计划，满足美国环保署建设资助项目资格要求，因此，它是由美国环保署资助的第一个带有永久性温室结构的水葫芦处理系统。

4.7.2.2　设计目标

该项目设计目标是为污泥塘上清液提供全年的水质提升，使其排放时满足 $BOD_5 \leqslant$ 30mg/L、SS≤90mg/L 的排放限值。

4.7.2.3　设计因素

（1）水池设计。得克萨斯州卫生部为水葫芦废水处理水池指定了最大设计表面水力负荷率，1870m³/（ha·d）[29]。在逐级提升的基础上，水力负荷可以增加到 4680m³/（ha·d）。当它们容积增加到 17000m³ 时，霍斯比湾水葫芦设施（HBHF）的三大水池总容量为 17000m³，总水面面积达到 1.6ha。这些水池是按照 7570m³/d 的最高流量设计的，相当于 4680m³/（ha·d）的水负荷率。

中间水池面积为 0.64ha，两个外侧的水池面积各为 0.48ha（见图 4-12）。这三个水池的长度均为 265m。中间水池宽 24.2m，外侧水池宽 18.1m。池子深度从上游端口的 0.9m 升至下游端口的 1.5m。在暴雨时，中间水池负责接收屋面径流。在 HBHF，研究人员认为由于径流进入水池所导致的温度变化已经对池塘中放养的一些物种构成了压力，计划将屋顶径流排出系统外。

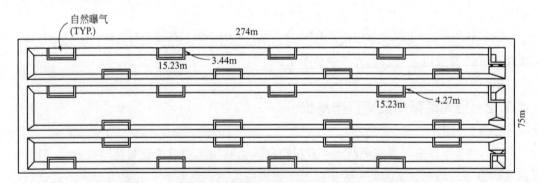

图 4-12　美国得克萨斯霍恩斯比湾水葫芦系统结构图[30]

进水在每个水池的前端通过一个直径为 30cm 的穿孔管沿整个池宽进行均匀地分流。每个水池分别设置了两个二级配水管进行试验性的分步进水，分别在主进水口下游的 63.9m 和 127.8m 处。

水池维护包括植物收割和累积碎屑的清除。水池底部设置斜坡，方便清洗。出水口处的底层设置排水阀，该排水阀与用于调节水深的套筒阀分离。整个系统规模足以在仅运行 2 个水池（另外一个进行检修）的情况下对设计流量的污水进行充分处理。水池之间的护堤可以在收割植物时提供 3m 宽的裸露路面。

　　灭蚊是在水池设计中应主要考虑的因素。控蚊的主要方法是引入蚊子幼虫和成蚊的天敌，包括大肚鱼（食蚊鱼）、草虾、蜥蜴和青蛙。每个水池中设计八个开阔水面区域，为食蚊鱼和草虾的生存维持充足的溶解氧。开阔水面面积为 55.7m² 或 74.2m²，为防止水葫芦侵入开阔水面，对开阔水面采用链式的织布栅网进行防护。光线可以穿透水面，有助于曝气管道下部碎石上藻类的生长。开阔水面区域有助于确保食蚊鱼的存活。离开水葫芦系统后，二级处理出水流过两级跌水式曝气台（落差为 3.4m），从而确保出水口处 DO 浓度超过 5mg/L。

　　（2）温室设计。一个 2ha 大小的温室结构罩覆于三个水葫芦水池之上，以保护植物免受冬季霜冻的损害。该温室为混凝土和钢结构组成的完全封闭空间，三面由透光率为 65% 的透明强化纤维玻璃板覆盖。玻璃的透光率对植物生长非常重要，所以，应该关注长期运行后玻璃面板的性能变化。温室层顶的剖面结构图见图 4-13。

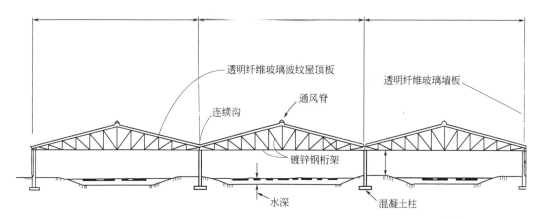

图 4-13　美国得克萨斯霍恩斯比湾水葫芦系统及温室层顶剖面结构图[30]

　　侧墙高 3.4m，满足维修机动车辆和设备的空间需求。温室的每一端都有七个高架门，供人员和设备出入。后又添加了单独的供人员通行的门。为了满足生物灭蚊的要求，在门口放置了可移动的屏障，以免蛇或其他食肉动物进入水池内，对水池内放养的灭蚊动物构成威胁。

　　这些屏障也有利于防止曾在此居住了数月之后迁出的海狸鼠（一种较大的池居啮齿动物）重新回来。贯穿于整个建筑物的门和屋脊的通风口可以保持空气畅通。屋脊通风口安装了纱窗，可以有效减少外部蚊子飞入。

4.7.2.4　运行性能

　　水葫芦植物池的生物稳定性是成功进行废水处理的首要条件。在最初运行的 6 个月里，由于对其中一个污泥塘进行维修，致使进入水葫芦植物池的污泥塘上清液的进水负荷不稳定，从而导致处理效果也不稳定。1987 年和 1988 年间进水和出水中的 BOD_5、SS、NH_3-N 及 NO_3-N 的值如表 4-10 所示。在此以后，为了保证相对稳定的负荷率，主要采用的方法是保持稳定的进水流量。HBHF 系统排放出水的上限为 BOD_5 30mg/L

和 SS 90mg/L，最大 30d 平均流量为 7570m³/d。截至 1989 年 6 月，植物池出水不允许向科罗拉多河排放。未来的处理计划包括运用 HBHF 出水向附近面积约 80ha 的农业用地进行灌溉。设备在 1986 年 2 月开始运行时，水池出水中 BOD₅ 的浓度在 10mg/L 左右。

表 4-10　美国得克萨斯州霍恩斯比湾（Hornsby Bend）水葫芦设施的性能数据[①][31]

日期 （月/年）	pH		BOD₅/(mg/L)		TSS/(mg/L)		VSS/(mg/L)		NH₃-N/(mg/L)	
	进水	出水	进水	出水	进水	出水	进水	出水	进水	出水
1987 年 9 月	8.4	7.1	97	30	140	31	90	28	22.9	38.6
1987 年 10 月	8.3	7.8	39	11	120	19	169	22	26.5	43.0
1987 年 11 月	8.3	7.8	153	9	245	21	240	17	26.1	39.3
1987 年 12 月	8.2	7.7	106	14	142	24	111	14	41.9	39.1
1988 年 1 月	8.1	7.6	79	18	127	17	96	16	121.1	31.0
1988 年 2 月	8.1	7.7	84	45	84	36	71	12	95.6	36.4
1988 年 3 月	8.1	7.6			155	41	91	37	77.6	42.0
1988 年 4 月	7.9	7.6	357	139	162	47	160	49	76.8	42.5
1988 年 5 月	7.9	7.4	143	34	121	26	68	8	43.5	21.9
1988 年 6 月	8	7.7	156	30	117	30	79	23	47	33.9
1988 年 7 月	8.1	7.7	99	28	132	19	104	12	24.7	37.4

① 每月约 12 个样本的平均值。

行之有效的控蚊措施除了放养蚊虫天敌之外，蜻蜓也应该被放养到该设施里。蜻蜓幼虫以蚊子幼虫为食，而蜻蜓成虫则以蚊子成虫为食。当天气变凉时，可以明显观察到蚊子数量增加，这可能是因为有大量的蚊子成虫向温室内迁入的原因。

自然复氧系统中曾经测得的 DO 浓度高达 5mg/L。每天都需要将小型植物和碎屑从该系统中清除掉，以维持恒定的太阳光，供附生在底层岩石上的产氧藻类生活。

在运行的前五个月期间，不需要对水葫芦进行收割，但在 7、8 月份就需要进行不断地收割。在接下来的冬季，所需的收割频率会变得更低。一种改进的锄耕式拖拉机可用于清理每个水池周边 1.2～1.8m 的水葫芦。除了担任临时复氧的功能外，开阔水面也有利于蚊子幼虫天敌的活动。收割的水葫芦首先在沥青铺面上晒干，然后与浓缩的活性污泥混合，最后由城市园林娱乐处予以回收。回收计划自 1987 年 1 月开始实施。

基于奥斯汀地区其他水葫芦系统的经验，得知该系统中腐殖质的积累速率较快，并且多数积累发生在水池的进水端。工作人员希望通过对水池进行部分排水，从而达到充分清理的目的，并且无须再种植或放养植物和其他生物。在极端的气候条件下，对于 HBHF 的运行特性，还有若干问题尚待解答。需要特别关注的是水葫芦在寒冷天气时的存活状况。1985 年至 1986 年，由于冬季室外温度较暖，尚看不出温室对于阻隔外部热量进入的功能大小。

1986 年夏季，室外温度上升到 37℃ 以上，温室内的植物并没有遭受热应激的损害；在这个时期，室内温度约为 55℃。另一个需要关注的问题是，随着时间的推移，纤维玻璃板的透光率可能会下降。纤维玻璃的老化，以及由于藻类生长而导致的水分在玻璃板上的凝结都可能会抑制太阳光的透过。温室结构内的路面由于受潮而老化，滴落在道路上的冷凝水滴及毛细管上升作用会破坏道路结构，因此需要在护堤上修建永久性路面。

4.7.2.5　费用

总工程设计和建设成本估计为 1200000 美元，尚没有更详细的关于成本的数据。

4.7.2.6　监测项目

在满足 HBHF 系统的水质排放标准，以及出于对水葫芦系统其他运行性能的评估考虑下，研究人员对进出水中的各种污染物进行了监测：BOD_5、SS、VSS、NH_3-N、NO_3^--N 和 TP。1986 年的研究工作，包括着力建造 BOD_5、SS 和营养物质去除的数学模型，以及对水葫芦系统中硝化作用的研究。在水葫芦系统特有的生态系统形成的初始阶段，有必要对该处理系统内的生物学结构进行持续不断地监测。生物学上的成熟与稳定不会一蹴而就，但它对系统提供可靠的处理效果至关重要。

4.7.3　佛罗里达州奥兰多市系统

4.7.3.1　历史

奥兰多市的铁桥污水处理厂（IBWTF）建于 1979 年，其主要作用是为该区域提供污水处理服务。该处理工艺的设计旨在实现达到三级处理标准，其使用的工艺主要包括初沉池、针对碳质 BOD 去除和硝化的 RBCs 工艺、为反硝化设计的淹没式 RBCs 工艺、针对除磷的化学加药和沉淀工艺和用于最后水质提升的快速砂滤工艺。污水厂处理出水允许排放的上限标准：BOD_5 为 5mg/L、SS 为 5mg/L、TN 为 3mg/L、TP 为 1mg/L，最大的允许排放量为 90000m³/d。

到 1982 年，该市流入污水厂的污水量有所增加，并且要求污水厂出水排入圣约翰河，同时又必须满足现有的污水排放标准（即排水水质达标）。奥兰多市开始考虑如何将总污水量的一部分进行深度处理。其中的一个方案建议使用水葫芦系统，该系统每天处理水量 30000m³，出水水质达到 BOD_5 为 2.5mg/L、SS 为 2.5mg/L、TN 为 1.5mg/L、TP 为 0.5mg/L。这种处理工艺最高处理水量可达 106000m³/d。奥兰多市决定于 1983 年建设一个水葫芦实验系统，以测试这项建议的可行性。

根据该试验研究的结果，该市决定建设一个全规模的水葫芦系统。该系统于 1985 年夏竣工，并已开始运行。

4.7.3.2　设计目标

对于在 IBWTF 的水葫芦系统，其主要目的是将污水厂出水中的一部分废水进行深度处理，达到更优的出水水质，以便在不违反污水排放标准的情况下，增加污水排放量。具体做法是降低现有出水（流量为 350L/s）中 50％ 的主要污染物，以便使排水流量增加 175L/s。

4.7.3.3　试验装置结果

（1）试验设施介绍。水葫芦实验设施由串联的 5 个池子组合构成，每个池子规格为 5.2m×9.8m，池塘总面积为 253m²。

　　在设定湿地作物密度为 $12.2kg/m^2$，进水流量为 $54.5m^3/d$ 后，所需的池塘面积通过由 Amasek 开发的计算机模型（HYADEM）计算得出。最终，池塘深度定为 0.6m，这样，水力停留时间就为 2.8d。标准表面负荷率为 $2240m^3/(ha \cdot d)$。

　　（2）试验设计。试点研究设定的目标是[25]：

　　a. 主要考虑 N 的情况下，证明该水葫芦系统能达到预期的月平均出水浓度。

　　b. 证明水葫芦系统在冬季能够运行。

　　c. 证明该水葫芦系统能够在出现冰情后恢复。

　　d. 确定所需补充的微量营养元素。

　　e. 确定 Amasek 设计和运行模型的适用性和可信度。

　　f. 揭示需要调整的具体运行程序。

　　该试验系统的运行条件十分稳定。在 1983 年 11 月到 12 月间对进出水样品每周分析两次，而在 1984 年 1 月 1 日至 3 月 15 日期间每日分析一次，分析指标包括 BOD_5、SS、TN 和 TP。另外，对作物密度、作物总生物量和进出水中的微量营养素含量也进行了定期测定。

　　（3）实验结果。1983 年 9 月在这五个池中开始种植水葫芦。由于进水水质控制的问题，在接下来的 3 个月里难以对试验装置的运行效果进行评估。植物在这段调整期内的生长速率低于预期，导致低生长的因素可能是微量营养元素缺乏及水葫芦象鼻虫的活动。

　　到 12 月时，水葫芦的生物量已经从 455kg 提高到 1650kg，折合大约 $6.5kg/m^2$。12 月 25 日和 26 日发生的冰冻现象，对植物产生了显著的影响，但并没有对水葫芦造成致命的伤害。水处理效率在次年 1 月份时下降。由于系统不稳定，对水葫芦因冰冻而产生的影响进行有意义的评估是不可能的。

　　实际负荷率未达到计划水平。在 1984 年 1 月的第二周，污水流量减少到 $21.2m^3/d$，以适应污水中更高的氮含量。最初，铁、钾、磷被作为微量元素向进水中添加以进行补充。在 1984 年 1 月，锌、铜、锰、钼、硼、硫元素也被添加到补充元素目录中，最后端的两个池塘由移动式温室结构覆盖，以评估它们在冰冻期间的运行效果。

　　从 2 月 15 日到 3 月 15 日，污染物去除稳定，系统并没有任何重大的运行问题。在这一个月间，BOD_5、SS、TN 和 TP 的平均去除率分别为 60%、43%、70% 和 5%。

　　Amasek 评估试验设施性能的报告得出的结论是：基于"水葫芦可能从严重的佛罗里达冰冻事件中恢复过来，以及与覆盖系统相关的一些负面特性"的考虑，对铁桥污水厂水葫芦系统进行冻灾保护，并不具有较好的成本效益[32]。

4.7.3.4　设计因素

　　系统需要的面积及植物密度由试验系统中使用过的计算模型计算得出。该模型的使用前提是，营养物质去除率与植物生长水平密切联系。植物生长可以用莫诺动力学（Monod kinetics）和范特霍夫-阿伦尼乌斯温度方程（van't Hoff-Arrhenius temperature relationship）进行模拟，其经典假设是认为这种植物是生长在一个反应器中，而该反应器中的限制性养分含量恒定。植物生长速度则与植物密度和覆盖面积相关，由此可以计算平均每天的养分吸收速率。

出水中营养物质浓度可由下式进行计算：

$$C_n = (Q_i C_i - N_u - N_I) \div Q_o$$

式中　C_n——出水养分浓度；

　　　C_i——进水养分浓度；

　　　Q_i——每日进水量；

　　　Q_o——每日出水量；

　　　N_u——每日植物吸收去除的营养物质的量；

　　　N_I——每日其他过程除去的营养物质的量。

一般来说，大多数研究人员得出的结论是：氮的去除主要是通过硝化/反硝化作用，仅仅有少量是由植物吸收进入生物质而去除的。

试验系统的结论可用于确定植物生长过程中所需的必要常数。

该系统由两个面积各为 6ha 的池塘和一个水葫芦消化设施组成（见图 4-14）。护堤又将每个池塘分为五个长 67m、宽 183m 的水池。

为防止短流，在分隔水池的护堤上，均匀布设了六个堰，用以均匀分配流过护堤的污水。AWT 出水通过一个进水阀组进入这两个池塘。西部池塘除了有接纳 AWT 出水的进水管线外，还有从二级处理系统过来的进水管线。辅助添加的营养物质由专门的化学配料和混合设施进行投配，化学物质补给管在通往进水管线的同时，也通往护堤上的堰处。池子水深为 0.9m，因此，污水的水力停留时间约为 3.5d。

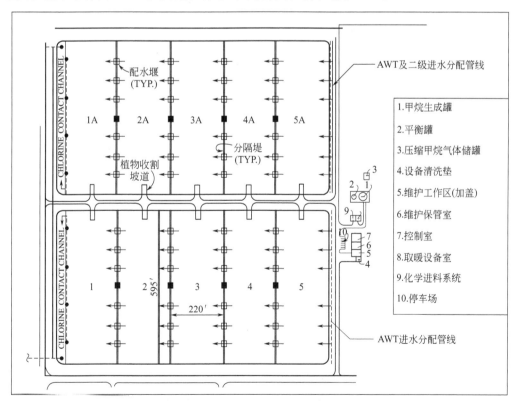

图 4-14　佛罗里达州铁桥 FL 水葫芦系统结构示意图

4.7.3.5　运行特性

铁桥水葫芦设施最初在 1984 年底开始种植水葫芦。1985 年 7 月之前，该系统以启动模式运行。在此期间，该系统达到营养物去除要求。1985 年 7 月 Amasek 接管了该系统。在奥兰多城市的一个报告[33] 中，Amasek 总结了该系统从 1985 年 7 月至 1986 年 2 月中遇到问题：

（1）在 Amasek 接管运行期间，作物上已经生长了大量的象鼻虫，并有相当多的杂草侵入。

（2）Amasek 试图通过选择性收割作物以改善作物的生长活性。但是，剩余作物并不按预期的那样生长，大范围的藻类生长，导致出水 SS 超标。

（3）象鼻虫数量增加时，实施了药剂喷施项目（Sevin），同时引种了新的水葫芦植株，以加速作物生长。

（4）喷施农药后，作物生存能力有所提高，然而作物生长并不稳定，也没有达到设计的覆盖率。这导致了藻类的持续发展和 SS 超标。然而，系统仍保有足够的营养物质去除能力。

（5）到 1986 年 1 月时，作物明显出现了严重的生长问题。虽然营养物质去除效率显著下降，但仍在持续监测养分的去除率。

（6）在该市召开一系列会议期间，导致生长问题的若干潜在原因被确定下来。这些问题包含有：a. 金属毒性，主要是铝。b. 生物干扰或竞争，主要来自藻类种群。c. 大量营养元素不足，特别是磷。d. 微量营养元素缺乏。

（7）1986 年 1 月中旬，为试图恢复作物健康和促进颗粒物控制，暂时关闭了该系统。东部池塘通过施肥，使氮、磷、铁和钙的浓度水平过量。进而进行了一系列的试验，以测试各种添加剂的影响。对植物和水质也进行了大量的试验，以确定毒性或缺乏情况。

（8）到 1 月底，植物形态显示出非常严重的生长问题，植物量开始大幅下降。东部池塘对补充的营养物质无明显的反应，这或许是由于有毒物质的影响或者是微量营养素缺乏。

（9）1986 年 2 月，西面的水流恢复，作物的健康状况几乎立即得到显著改善。这证明了关于铁桥污水并没有慢性毒性效应的猜测。在一组限制性试验中也证明了这一点。微量营养素缺乏由此成为主要的怀疑对象。在更加密切地评估这一问题时，研究人员将铁桥系统中的植物和水与 Amasek 其他系统中的植物和水进行了比较。

关于植物生长问题评估如下。钼缺乏已经成为事实：a. 在排放到水葫芦池之前钼酸盐铝就发生了沉淀和过滤；b. 以硫酸亚铁形式投入到系统中的硫酸盐对钼吸收产生干扰；c. 由于水中碱度低，使得该系统的沉积物 pH 值也低，而且系统缓冲能力差，这都抑制了钼的吸收。

为了解决铁桥水葫芦系统中的水葫芦生长问题，钼、硼作为营养元素补充计划的一部分被添加进水中，同时改用氯化铁来代替硫酸亚铁，并加入石灰或苏打灰，将水中的碱度（以 $CaCO_3$ 计）提高到 60mg/L。

1986 年 2 月至 5 月，该水葫芦系统在启动模式下运行，以便建立健康的作物群落。从 6 月份开始，除了进水氮含量约为 13mg/L（而不是 3mg/L）外，西池已经开始按照设计正常运行。9 月，东池也投放使用。6 个月（6 月至 11 月）的相对平稳运行期间，进出水的 BOD_5、SS、TN 和 TP 浓度数据示于表 4-11。在这个稳定运行期间，水葫芦系统出水的 BOD_5 及 SS 没有达到设计处理目标。进出水中的 BOD_5 和 SS 含量平均从 4.87mg/L、3.84mg/L 降低到 3.11mg/L、3.62mg/L。而对于脱氮，该系统确实达到了预期的去除率。虽然在进水中有必要补充磷，以保证进水中的磷不会限制植物生长，但是出水中磷的含量总是低于 0.5mg/L 的设计目标。

表 4-11　佛罗里达州铁桥水葫芦系统性能综述

日期/ (年/月)	污水流量/ /(m³/d)	BOD_5/(mg/L)		SS/(mg/L)		TN/(mg/L)		TP[①]/(mg/L)	
		进水	出水	进水	出水	进水	出水	进水	出水
1986 年 6 月	16680[②]	3.24	4.58	3.06	6.31	12.52	8.09	0.37	0.24
1986 年 7 月	17450[②]	4.12	1.73	3.85	1.86	12.44	8.06	0.33	0.11
1986 年 8 月	16850[②]	3.33	3.70	3.58	4.28	12.77	7.62	0.55	0.19
1986 年 9 月	32500[③]	6.16	2.66	5.23	2.91	12.66	7.96	0.75	0.15
1986 年 10 月	31190[③]	4.43	3.11	2.70	3.56	14.49	9.66	0.89	0.22
平均	23250	4.87	3.11	3.84	3.62	13.00	8.16	0.61	0.22

注：在这段时间内，两个池塘的 01 部分都在运行。

① 磷作为营养物补充添加到水葫芦系统进水中。

② 西池水葫芦的运作。

③ 两个水葫芦池塘都在运转。

4.7.3.6　费用

铁桥设施的水葫芦系统建设费用为：水葫芦消化池花费了 120 万美元，水池和管线则花费 200 万美元。运行和维护依合同由 Amasek 公司执行，每年花费为 55 万美元（涵盖所有与水葫芦系统有关的运营和维护费用，如水泵运行和污泥清除）。

4.7.3.7　监测项目

作为与奥兰多市的运行维护合同的一部分，Amasek 对水葫芦系统进行了广泛的监测。监测参数和监测频率汇总表 4-12。除了进水和出水水质参数，还对作物生物量进行监测，以确定作物收割的方式。对水葫芦天敌和进水中微量元素含量的监测也在进行，以确保水葫芦健康生长。

表 4-12　佛罗里达州铁桥水葫芦系统的监测参数及频次

参数	频次
进水流量	每日一次
气温	一周五次
水温	一周五次
pH	一周五次
电导率	一周五次
DO	一周五次
降雨	每日一次

参数	频次
风速	一周五次
风向	一周五次
氯化物	一周两次
TKN	一周两次
NH_4^+-N	一周两次
NO_3^--N	一周两次
NO_2^--N	一周两次
TN	一周两次
OP	一周两次
TP	一周两次
BOD_5	一周两次
TSS	一周两次
TDS	一周两次
Na	一周一次
K	一周一次
Fe	一周一次
Ca	一周一次
Mn	一周一次
Mg	一周一次
B	一周一次
Zn	一周一次
Cu	一周一次
Mb	一周一次
Cr	一周一次
Al	一周一次
Pb	一周一次
Hg	一周一次
Ni	一周一次
Cd	一周一次
SO_4^{2-}	一周一次
植物组分	根据需要
收割植物量	根据需要
放养量	根据需要
作物生物量	一周一次
象鼻虫	一周一次
黄斑紫翅野螟	一周一次
蚊子	一周一次
入侵植物种	每日一次
根区无脊椎动物	根据需要
真菌分离	根据需要

4.7.4 综述

本章提供的这三个案例的研究，说明水生植物系统有着广泛的潜在用途。对这三个系统进行比较是困难的，不过表 4-13 汇总了每个系统的设计和运行参数及费用情况。

在这些案例中很清楚的一点是，经由适当的设计和运行维护，水生植物系统可以完成不同的污水处理任务，但系统设计和操作运行并不简单。水葫芦系统很容易受到寒冷天气的影响，特别是在美国南部各州，还会受到生物要素控制的影响（引入此生物要素主要是用于控制自然环境中水葫芦的过度生长）。卫生部门对蚊子的关注，也在设计和运行水生植物系统时扮演着非常重要的角色。最后，虽然水葫芦系统能用于去除营养物质，但对出水标准要求很高时，水葫芦系统的使用仍存在一定的局限性。

表 4-13 水生植物系统的案例研究总结

项目	圣迭戈,加利福尼亚州	奥斯汀,得克萨斯州	奥兰多,佛罗里达州
水生植物	水葫芦	水葫芦	水葫芦
预处理	一级	塘处理	AWT
特殊设计因素	辅助曝气	温室大棚罩覆	添加营养元素
设计最大流量/(m³/d)	3.79	7570	30300
塘面积/ha	0.65	1.6	12.1
进/出水 BOD/(mg/L)	约 130/约 9.5	131/17.6	4.9/31
进/出水 SS/(mg/L)	约 107/约 10	142/11.3	3.8/36
进/出水 TN/(mg/L)	23ª/9①	55/12①	13.0/8.2
表面水力负荷/(m³/ha·d)	583	4730	2500
成本费用/(美元/m³·d)	580②	158	66
年运行维护费/(美元/m³·d)	132②		18
成本费用/(美元/m³·d)	340000	741000	165000

① $(NH_4^+ + NO_3^-)$-N。
② 示范设施。

4.8 参考文献

[1] Aquaculture Systems for Wastewater Treatment: Seminar Proceedings and Engineering Assessment. U. S. Environmental Protection Agency，1980.

[2] Reddy K R，Smith W H. Aquatic Plants for Water Treatment and Resource Recovery. Magnolia Publishing Inc. ，1987.

[3] Tchobanoglous G. Aquatic Plant Systems for Wastewater Treatment：Engineering Considerations. Aquatic Plants for Water Treatment and Resource Recovery. Orlando：Magnolia Publishing Inc. ，1987：27-48.

[4] Stowell R，Ludwig R，Colt J，et al. Toward the Rational Design of Aquatic Treatment Systems. 1980：14-18.

［5］ Reddy K R，Sutton D L. Water hyacinths for Water Quality improvement and Biomass Production. 1984，13：1-8.

［6］ Reddy K R，DeBusk W F. Nutrient Removal Potential of Selected Aquatic piMacrophytes. 1985，14：459-462.

［7］ Zirschky J O，Reed S C. The Use of Duckweed for Wastewater Treatment. 1988，60：1253-1258.

［8］ Hayes T D，Isaacson H R，Reddy K R，et al. Water Hyacinth Systems for Water Treatment. Aquatic Plants for Water Treatment and Resource Recovery，1987：121-139.

［9］ Reed S C，Bastian R K. Aquaculture Systems for Wastewater Treatment：An Engineering Assessment. 1980.

［10］ Leslie M. Water Hyacinth Wastewater Treatment Systems：Opportunities and Constraints in Cooler Climates. 1983.

［11］ Reed S C，Middlebrooks E J，Crites R W. Natural Systems for Waste Management and Treatment. 1987.

［12］ Wunderlich W E. The Use of Machinery in the Control of Aquatic Vegetation. 1967，6：22-24.

［13］ Klorer J. The Water hyacinth Problem. 1909，42：33-48.

［14］ Stephenson M，Turner G，Pope P，et al. Publication No. 65，The Use and Potential of Aquatic Species for Wastewater Treatment. 1980.

［15］ Reddy K R，DeBusk W F. Growth Characteristics of Aquatic Macrophytes Culturedin Nutrient-enriched Water：I. Water Hyacinth，Water Lettuce，and Pennywort. 1984，38：225-235.

［16］ DeBusk T A，Reddy K R. Wastewater Treatment Using Floating Aquatic Macrophytes：Containment Removal Processes and Management Strategies. Aquatic Plants for Water Treatment and Resource Recovery，1987：643-656.

［17］ Hillman W S，Cully D C. The Use of Duckweed. American Scientist，1978，66：442-451.

［18］ Tchobanoglous G，Maitski F，Thomas K，et al. Evolution and Performance of City of San Diego Pilot Scale Aquatic Wastewater Treatment System Using Water Hyacinths. 1987：5-8.

［19］ Dinges R. Personal Communication. 1988.

［20］ Weber A S，Tchobanoglous G. Rational Design Parameters for Ammonia Conversion in Water Hyacinth Treatment Systems. 1985，57：316-323.

［21］ Gee，Jenson. Water Hyacinth Wastewater Treatment Design Manual for NASA National Space Technology Laboratories. 1980.

［22］ Reddy K R. Nutrient Transformations in Aquatic Macrophyte Filters Used for Water Purification//Water Reuse Symposium 3. 1985：660-669.

［23］ Mitsch W J. Water hyacinth（Eichhornia crassipes）Nutrient Uptake and Me tabolism in a NorthCentral Florida Marsh. 1977，81：188-210.

［24］ Reddy K R，Tucker J C. Productivity and Nutrient Uptake of Water Hyacinth，Echhornia Crassipes I. Effect of Nitrogen Source，1983，37：237-247.

［25］ Curran G M，Pearson S B，Curtin S A，et al. San Diego's Aquatic Treatment Program with Total Resource Recovery. Aquatic Plants for Water Treatment and Resource Recovery，1987.

［26］ Black，Veatch. Interim Progress Report San Diego Aquaculture Project. 1986.

［27］ Martinson S. Personal Communication. California State Water Resources Control Board，1987.

［28］ Tchobanoglous G. Aquatic Plant Systems for Wastewater Treatment：engineering Considerations in K. R. Reddy and W. H. Smith. Aquatic Plants for Water Treatment and Resource Recovery. 1987.

［29］ Design Criteria for Sewerage Systems. Texas Department of Health，1981.

［30］ Doersam J. Use of Water Hyacinth for the Polishing of Secondary Effluent at the City of Austin Hyacinth Greenhouse Facility in K. R. Reddy and W. H. Smith. Aquatic Plants for Water Treatment and Resource Recovery，1987.

［31］ Doersam J. Personal Communication. 1988.

［32］ Amasek Inc. Assessment of Iron Bridge Water Hyacinth Pilot Study. 1984.

［33］ Amasek Inc. Assessment of Winter Time Nutrient Removal Performance of Five Water Hyacinth Based Wastewater Treatment Systems in Florida. 1986.